U0213204

# 编 委 会

**主　审**　龙春林(中央民族大学生命与环境科学学院)

**主　编**　段瑞军(中国热带农业科学院热带生物技术研究所)
　　　　　郭建春(中国热带农业科学院热带生物技术研究所)
　　　　　马子龙(中国热带农业科学院热带生物技术研究所)
　　　　　胡新文(海南大学)

**副主编**　王　军(中国热带农业科学院热带生物技术研究所)
　　　　　陈美西(海南省人民医院超声科)
　　　　　鲍时翔(中国热带农业科学院热带生物技术研究所)
　　　　　江行玉(海南大学农学院)

**编　委**　吴朝波(海南大学农学院)
　　　　　刘　姣(中国热带农业科学院热带生物技术研究所)
　　　　　符少萍(中国热带农业科学院热带生物技术研究所)
　　　　　代正福(中国热带农业科学院热带生物技术研究所)
　　　　　周　扬(中国热带农业科学院热带生物技术研究所)
　　　　　李瑞梅(中国热带农业科学院热带生物技术研究所)
　　　　　姚　远(中国热带农业科学院热带生物技术研究所)

# 海南滨海滩涂植物
## （第1册）

Coastal Beach Plants of Hainan (Volume 1)

◎主　编　段瑞军　郭建春
　　　　　马子龙　胡新文

云南出版集团

云南人民出版社

图书在版编目（CIP）数据

海南滨海滩涂植物. 第1册 / 段瑞军等主编. -- 昆
明：云南人民出版社，2015.12
ISBN 978-7-222-13920-6

Ⅰ. ①海… Ⅱ. ①段… Ⅲ. ①海涂－植物－海南省－
图集 Ⅳ. ①Q948.526.6-64

中国版本图书馆 CIP 数据核字(2015)第 277375 号


出 品 人　刘大伟
责任编辑　陈朝华　武　坤
装帧设计　蔡常捷
责任校对　武　坤
责任印制　马文杰


**海南滨海滩涂植物（第 1 册）**
段瑞军　郭建春　马子龙　胡新文　主编

出版　云南出版集团 云南人民出版社
发行　云南人民出版社
社址　昆明市环城西路 609 号
邮编　650034
网址　www.ynpph.com.cn
E-mail ynrms@sina.com
开本　787mm×1092mm 1/16
印张　19.75
字数　360 千
版次　2015 年 12 月第 1 版第 1 次印刷
印刷　昆明富新春彩色印务有限公司
书号　ISBN 978-7-222-13920-6
定价　108.00 元

# 前　言

　　海南岛地处热带北缘，海岸线长 1528 公里，滩涂面积约 54845 公顷，滨海植物资源丰富多样。随着国际旅游岛建设，人口膨胀，经济快速发展，海南岛滨海土地不断开发，必然造成对滨海植物资源的破坏。为了保护海南岛近海和滨海生态，从 2012 年开始我们对海南岛滨海植物资源进行了调查和记录。初步统计，海南岛滨海植物种类已达 800 多种，我们把部分植物种类(主要为草本植物)150 种，配上彩色图片，编写成《海南滨海滩涂植物》(第 1 册) 呈现给大家，其余的植物种类将陆续编写成册。

　　本书的编撰过程中得到了中央民族大学民族植物学家龙春林教授的鼎力支持，尤其在植物形态鉴定方面给了我们有力的帮助，每一种植物的鉴定都通过他的认真审核、矫正；文字编写过程中他也给了我们许多宝贵意见，在此对他表示衷心感谢!

　　《海南滨海滩涂植物》(第 1 册) 是在中央级公益性科研院所基本科研业务费专项资金(ITBB2015ZD03；1630052015038)、海南省重大科技专项(ZDZX2013023-1)、海南耕地改良关键技术研究与示范(HNGDhs2015)的资助下完成的。

　　编写《海南滨海滩涂植物》(第 1 册) 需要扎实的植物分类学专业基础和丰富的研究经验，由于编者水平有限、经验不足，书中错误、疏漏、不妥之处在所难免，恳请各位读者批评指正。

编　者

2015 年 3 月于海口

# 序

提到海南岛，就会想起热带的海水、沙滩、椰子树、屋顶盖着茅草的小凉亭。真正置身于海边时，缤纷的色彩更令人陶醉，湛蓝的天空，葱绿的海岛，蔚蓝的海水，鲜艳的花朵，浪漫情侣的五彩衣衫。人们会情不自禁地漫步在椰林中，品味脚底板下的细沙，欣赏空中婆娑的椰影。

记不清是第几次去海南了，每次抵达海南，都要去海边走一走，总有满满的收获。不留恋碧波万顷的海水浴场，不羡慕游人如织的天涯海角，我更钟情于海滩的生命，更喜爱守护滩涂的绿色精灵们。有了这些绿色生命，海水才更加蔚蓝，海岛才更有灵性。

躲开喧嚣的都市，远离游客的视线，寻一条小径，欣赏沿途海岸的花草；驾一叶扁舟，探寻红树林中的秘密。盘根错节的大榕树，脚踩高跷的露兜树，苍劲的木麻黄，嫩绿的草海桐，开喇叭花的厚藤，叶片硕大的海芋，甜蜜的冰糖草，耐盐的海篷子……

可是，琳琅满目的植物，也会给我出难题。我不能一一说出它们的名字，不能详细道出它们的用途。这个时候，很希望手头有本书，为我释疑解惑。

欣闻以青年学者段瑞军为主编写的《海南滨海滩涂植物》(第1册) 一书即将付梓，可喜可贺！我希望这部书能早日与读者见面，因为这部书不只是便于我全面了解海南的滩涂植物，更能帮助公众认识滩涂植物的重要性，有助于海南岛的保护和可持续发展，有助于爱护海南、保护海南、发展海南。

滩涂植物有着巨大的价值，它们所起到的某些作用是不可替代的。

滩涂植物营造的良好生态景观，对于海南实现国际旅游岛的宏伟规划目标意义非凡。滩涂植物具有多种生态功能,除了美化、绿化海岸线,也能减缓潮水侵蚀海岛,防治土壤流失和改良土壤,构建海滩生态屏障,还能抵御外来入侵物种,并为其他生物提供食物、栖息地和庇护所。

许多滩涂植物是重要的植物资源,可以应用于生产、生活和经济发展,包括药用、食用、饲料用、工业用等等。滩涂植物也是不可多得的基因资源。例如,海蓬子(盐角草)的耐盐性极强,是目前已知的最耐盐的高等植物之一,通过分离克隆海蓬子的耐盐基因,揭示其耐盐机制,可用于其他植物的遗传改良,这在我国 1 亿公顷的巨大盐碱地将是大有可为的。该书作者所在的团队,正在从事这方面的研究工作,我祝愿他们早日取得重大突破!

要发挥滩涂植物的作用,首先要认识它们、了解它们,然后通过研究、通过试验示范,才能推广应用。《海南滨海滩涂植物》(第 1 册) 的出版,为认识和了解海南的滩涂植物提供了宝贵的第一手资料。

《海南滨海滩涂植物》(第 1 册)一书,图文并茂,既通俗易懂,又保持了科学性和严谨性,是海南滩涂植物研究的新成果,是作者及其团队辛勤工作的结晶。

我国热带海域辽阔,海岛滩涂植物资源丰富。我期待在不久的将来,能看到涵盖海南所有岛屿(尤其是西沙群岛和南沙群岛)的滩涂植物专著,让人们真真切切地感受到海岛就在我们身边。

龙春林

2014 年 10 月 5 日于北京

# Contents ‖ 目 录 ‖

目 录

# ◇白花菜科

## 1 皱子白花菜

（别名：平伏茎白花菜、成功白花菜、海南皱籽白花菜）

*Cleome rutidosperma* DC.

[分类] 白花菜科 Capparidaceae
白花菜属 *Cleome* L.

[形态特征] 一年生草本植物。茎直立、开展或平卧，分枝疏散，高可达 90 厘米，无刺，茎疏被无腺长柔毛，有时近无毛。叶具 3 小叶，叶柄长 2～20 毫米，叶柄及叶背脉疏被无腺长柔毛，有时近无毛；小叶形状多样，有时椭圆状披针形，有时近斜方状椭圆形，顶端急尖或渐尖、钝形或圆形，基部渐狭或楔形，几无小叶柄，边缘有具纤毛的细齿，中央小叶最大，长 1～2.5 厘米，宽 5～12 毫米，侧生小叶较小，两侧不对称。花单生于茎上部叶腋内，常 2～3 朵花连接着生在 2～3 节上形成开展有叶而间断的花序；花梗纤细，长 1.2～2 厘米，果时长约 3 厘米；萼片 4，绿色，分离，狭披针形，顶端尾状渐尖，长约 4 毫米，背部被短柔毛，边缘有纤毛；花瓣 4，中央 2 个花瓣表面有黄色横带，2 个侧生花瓣顶端急尖或钝形，有小凸尖头，基部渐狭延成短爪，近倒披针状椭圆形，全缘，两面无毛；雄蕊 6；雌蕊柄长 1.5～2 毫米，果时长 4～6 毫米；子房线柱形，长 5～13 毫米，无毛；花柱短而粗，柱头头状。果线柱形，表面平坦或微呈念珠状，两端变狭，顶端有喙，长 3.5～6 厘米；果瓣质薄，有纵向近平行脉，常自两侧开裂。种子近圆形，直径 1.5～1.8 毫米，背部有 20～30 条横向脊状皱纹，皱纹上有细乳状突起，爪开张，彼此不相联，爪的腹面边缘有一条白色假种皮带。

[分布及生境] 原产热带西非，自几内亚至刚果与安哥拉，在海南海口、文昌、琼海、万宁、三亚、儋州、临高有分布，主要生长于滨海村旁、路边、草坡，与牛筋草、肠须草、龙爪茅、墨苜蓿、厚藤、绉面草、蓖麻、糯米团、糙叶丰花草、蟛蜞菊等混生。

[价值] 目前未查阅到皱子白花菜应用研究方面的研究报道。

[参考书目] 《中国植物志》，*Flora of China*，《海南植物物种多样性编目》。

花

植株　　　　　　　　　　　果

生境

# 2 // 黄花草 （别名：黄花菜、臭矢菜、向天黄）

*Arivela viscosa* (L.) Raf.

[分类] 白花菜科 Capparidaceae
黄花草属 *Arivela* Raf.

[形态特征] 一年生直立草本，高可达 1 米。茎基部常木质化，有纵细槽纹，全株密被黏质腺毛与淡黄色柔毛，无刺，有恶臭气味。叶为 3～7 片小叶的掌状复叶，稀有 7 小叶；小叶薄草质，近无柄，倒披针状椭圆形，中央小叶最大，侧生小叶依次减小，全缘但边缘有腺纤毛，侧脉 3～7 对；叶柄长约 1～6 厘米，无托叶。花单生于茎上部的叶腋内，近顶端成总状或伞房状花序；花梗纤细，长约 1～2 厘米；萼片分离，狭椭圆形或倒披针状椭圆形，近膜质，有细条纹，内面无毛，背面及边缘有黏质腺毛；花瓣淡黄色或橘黄色，无毛，有数条明显的纵行脉，倒卵形或匙形，长约 7～12 毫米，宽约 3～5 毫米，基部楔形，多少有爪，顶端圆形；雄蕊 10～30 枚，花丝不露出花冠外，花药背着；子房无柄，圆柱形，长约 8 毫米，密被腺毛，柱头头状。果圆柱形，直或稍弯，密被腺毛，基部宽阔无柄，顶端渐狭成喙，长约 6～9 厘米，成熟后果瓣自顶端向下开裂，果瓣宿存。种子黑褐色，表面有约 30 条横向平行的皱纹。

[分布及生境] 原产古热带，海南岛全岛滨海有分布，乐东县的莺歌海滨海分布比较集中，生长于滨海空旷干旱沙地、路边，有时与蛇婆子、铺地黍、刺苋、叶下珠、野茄、丰花草、赛葵、黄花稔、龙爪茅、皱果苋等混生，有时独立成片生长。

[价值] 叶和种子可作药，用于治疗眼、肠疾病，风湿病，头疼；种子含油量高，为 26%，并且富含亚油酸、印度食用黄花草种子油。

[参考书目]《中国植物志》,《海南植物志》, *Flora of China*,《海南植物物种多样性编目》。

花、果　　　　　　　　　　　　　植株

生境

# ◇白花丹科

## 3 白花丹
*Plumbago zeylanica* L.

（别名：白花藤、乌面马、白花谢三娘、天山娘、一见不消、照药、耳丁藤、猛老虎、白花金丝岩陀、白花九股牛、白皂药）

[分类] 白花丹科 Plumbaginaceae
　　　　白花丹属 *Plumbago* L.

[形态特征] 常绿半灌木，高约 1～3 米。茎直立，多分枝；枝条开散或上端蔓状，常被明显钙质颗粒。叶薄，常为长卵形，长 3～13 厘米，宽 1.8～7 厘米，先端渐尖，下部骤狭成钝或截形的基部而后渐狭成柄；叶柄基部有或无半圆形的耳。穗状花序通常含 25～70 枚花，偶见少数花；总花梗长约 5～15 毫米；花轴长约 2～15 厘米，果时延长可达 1 倍，总花梗与花轴都有头状或具柄的腺；苞片狭长卵状三角形至披针形，先端渐尖或有尾尖，长 4～8 毫米，宽约 2 毫米；小苞长约 2 毫米，宽约 0.5 毫米，线形；花萼长约 11 毫米，结果时可达 13 毫米，萼筒中部直径约 2 毫米，先端有 5 枚三角形小裂片，沿绿色部分着生具柄的腺；花冠白色或微带蓝白色，花冠筒长 1.8～2.2 厘米，中部直径约 1.2～1.5 毫米，冠檐直径约 1.6～1.8 厘米，裂片倒卵形，先端具短尖；雄蕊约与花冠筒等长，花药蓝色；子房椭圆形，具 5 棱，花柱无毛。蒴果长椭圆形，淡黄褐色。种子红褐色，先端尖。

[分布及生境] 海南滨海有零星分布，生长于滨海遮阴、半遮阴的潮湿灌木林缘、路边行道树下，常与望江南、马缨丹、宽叶十万错、麻叶铁苋菜等混生。

[价值] 全草及根入药，味辛、苦、涩，性温。具有祛风、散瘀、解毒、杀虫的功效；用于风湿关节疼痛、血瘀经闭、跌打损伤、肿毒恶疮、疥癣、蛇咬伤，还可以用于灭孑孓、蝇蛆。

[参考书目]《中国植物志》《海南植物志》《海南植物物种多样性编目》,*Flora of China*。

花　　　　　　　　　　　　　果

植株

生境

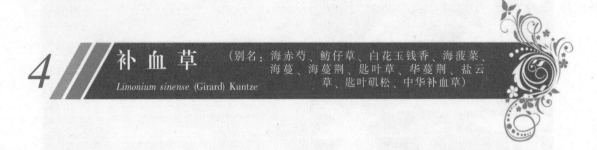

**4　补血草**
*Limonium sinense* (Girard) Kuntze

（别名：海赤芍、鲂仔草、白花玉钱香、海菠菜、海蔓、海蔓荆、匙叶草、华蔓荆、盐云草、匙叶矶松、中华补血草）

[分类] 白花丹科 Plumbaginaceae
　　　补血草属 *Limonium* Mill.

[形态特征] 多年生草本，高 15～60 厘米，除萼外，全株无毛。根粗壮，少分枝。叶基生，排列成莲座状，倒卵状长圆形、长圆状披针形至披针形，长 4～25 厘米，宽 0.4～4 厘米，淡绿色或灰绿色，先端通常钝，微圆或稍尖，下部渐狭成扁平的柄；茎生叶退化为鳞片状，棕褐色，边缘呈白色膜质。花序伞房状或圆锥状；花序轴通常 3～10 枚，上升或直立，具 4 个棱角或沟棱，常由中部以上作数回分枝，末级小枝二棱形；不育枝少，位于分枝的下部或分叉处，通常简单；穗状花序排列于花序分枝的上部至顶端，由 2～11 个小穗组成；小穗含 2～4 朵花，被第一内苞包裹的 1～2 朵花常迟放或不开放；外苞长约 2～2.5 毫米，卵形，第一内苞长 5～5.5 毫米；萼筒漏斗状，萼长 5～7 毫米，下半部或全部沿脉被长毛；萼檐白色 5 浅裂，开张幅径 3.5～4.5 毫米，萼片干膜质，裂片宽短而先端通常钝或急尖，有时微有短尖，常有间生裂片，脉伸至裂片下方而消失，沿脉有或无微柔毛；花冠黄色。

[分布及生境] 海南滨海，分布于潮湿空旷地、江河入海口、盐田边上，常与盐地鼠尾栗、南方碱蓬、海马齿、阔苞菊、盐角草等混生。

[价值] 味苦、微咸，性凉，具有清热、利湿、止血散瘀、解毒的功效，用于热便血、脱肛、血淋、月经过多、痈肿疮毒；因其花朵细小，干膜质，色彩淡雅，花期长，是重要的配花材料，还可制成自然干花。

[参考书目] 《中华本草》，《中国植物志》，《海南植物志》，*Flora of China*，《海南植物物种多样性编目》。

花

植株

生境

# ◇百合科

**5** // 小花吊兰 (别名：三角草、山韭菜、土麦冬、疏花吊兰)

*Chlorophytum laxum* R. Br.

[分类] 百合科 Liliaceae
吊兰属 *Chlorophytum* Ker Gawl.

[形态特征] 多年生草本。叶基生，近两列着生；叶片线性，常呈弧状弯曲，长 10～30 厘米，宽 3～6 毫米，有一条明显的中脉，基部扩大，抱茎，膜质，半透明。花茎从叶腋抽出，常 2～3 个，直立或弯曲，纤细，有时分叉，长短变化较大；花梗长 2～5 毫米，关节位于下部；花小，单生或成对着生，绿白色；花被 6 裂，长约 2 毫米；雄蕊 6，短于花被片；花药矩圆形，长约 0.3 毫米；花丝比花药长 2～3 倍。蒴果三棱状扁球形，长约 3 毫米，宽约 5 毫米，每室通常具单颗种子。

[分布及生境] 海南岛万宁滨海有分布，生长于滨海空旷沙地，常与厚藤、单叶蔓荆、粗齿刺蒴麻、白茅、卤地菊、滨海大戟等混生。

[价值] 味微苦，性凉，有毒，具有清热解毒、散瘀消肿的功效，用于毒蛇咬伤、跌打肿痛。但需注意其毒性，剂量不宜过大。

[参考书目] 《中国植物志》，《中国高等植物图鉴》，《中华本草》，*Flora of China*，《海南植物物种多样性编目》。

蒴果　　　　　　花　　　　　　根

植株

生境

# 6 // 天门冬 (别名：三百棒、丝冬、老虎尾巴根、武竹、天冬草、明天冬、非洲天门冬、满冬天冬、丝东)

*Asparagus cochinchinensis* (Lour.) Merr.

[分类] 百合科 Liliaceae
　　　天门冬属 *Asparagus* L.

[形态特征] 多年生攀缘草本。全株无毛。根粗
　　1～2厘米，在中部或近末端成纺锤状膨大，膨
　　大部分长约3～5厘米。茎平滑，常弯曲或扭
　　曲，长可达1～2米，分枝具棱或狭翅。叶状
　　枝的形状、大小变化很大，叶状枝通常每3枚
　　成簇，扁平或由于中脉龙骨状而略呈锐三棱
　　形，稍镰刀状，长约0.5～8厘米，宽约1～2
　　毫米；茎上的鳞片状叶基部延伸为硬刺，在分
　　枝上的刺较短或不明显。花通常2朵腋生，有
　　的达4～5朵，花被淡绿色；花梗长约2～6毫
　　米，花梗有关节，关节一般位于中部；雄花：
　　花被长约3毫米，花丝不贴生于花被片上；雌
　　花：雌花大小与雄花相近。浆果球形，直径
　　6～7毫米，熟时红色，种子1粒。

[分布及生境] 海南岛滨海有分布，生长于滨海椰
　　树林下、灌木林缘、滨海崖壁上，其适应性很
　　强，有的攀缘于裸露的滨海崖壁上，有的攀缘
　　于滨海灌木如露兜树上，有的攀缘于孪花蟛蜞
　　菊上，有的铺洒于滨海草坡与无根藤、厚藤、
　　狗牙根、盐地鼠尾粟等混生。

[价值] 块根是常用的中药，味甘、苦，性寒，具
　　有养阴生津、润肺清心的功效，用于肺燥干
　　咳、虚劳咳嗽、津伤口渴、心烦失眠、内热消
　　渴、肠燥便秘、白喉等。

[参考书目] 《中国植物志》,《海南植物志》, *Flora of
　　China*,《海南植物物种多样性编目》,《中国中药
　　资源志要》,《中药志》。

果

根

花

植株

生境

# ◇唇形科

## 7 绉面草 （别名：蜂窝草、蜂巢草、半夜花）

*Leucas zeylanica* (L.) R. Br.

**[分类]** 唇形科 Labiatae
绣球防风属 *Leucas* R. Br.

**[形态特征]** 多年生直立草本，高约 40 厘米。茎多毛枝，具刚毛或柔毛状硬毛，四棱形，具沟槽。叶片纸质，长圆状披针形，长约 3.5～5 厘米，宽约 0.5～1 厘米，先端渐尖，基部楔形而狭长，基部以上有远离的疏生圆齿状锯齿，上面绿色，疏生糙伏毛，下面淡绿色，沿脉上较密生、余部均疏生糙伏毛，密布淡黄色腺点，侧脉 3～4 对，上面微凹，下面稍突出；叶柄长约 0.5 厘米，密被刚毛。花序为轮伞花序，腋生，着生于枝条的上端，小圆球状，近于等大，少花，各部疏被刚毛，其下有少数苞片；苞片线形，短于萼筒，中肋突出，疏生刚毛，边缘具刚毛，先端微刺尖；花萼管状钟形，略弯曲，外面在下部无毛，上部有时微糙而具稀疏刚毛，内面疏被微刚毛，有 10 条不明显脉，在萼口处隐约消失，无明显刚毛，萼口偏斜，略收缩，齿 8～9 枚，刺状，从萼口生出；花冠白色，长约 1.2 厘米，冠筒纤弱，直伸，顶端微扩大，外面近部密生柔毛，中部以下近于无毛，内面在冠筒中部有斜向毛环，冠檐二唇形，上唇直伸，盔状，外密被白色长柔毛，内面无毛，下唇较上唇长一倍，极开张而平伸，3 裂，中裂片椭圆形，边缘波状，最大，侧裂片细小，卵圆形；雄蕊 4 枚，内藏，花药卵圆形；花柱极不相等 2 裂。小坚果椭圆状近三棱形，栗褐色，有光泽。

**[分布及生境]** 海南滨海有分布，生长于滨海空旷沙地、草坡，常与铺地黍、饭包草、含羞草、糯米团、皱籽白花菜、蟛蜞菊、熊耳草、飞机草、假马鞭草、洋金花、蛇婆子、黄花稔、香附子、蓖麻等混生。

**[价值]** 全草入药，味辛、苦，性平，具有解毒、止咳、明目、通经的功效，用于感冒、头痛、哮喘、百日咳、咽喉肿痛、牙痛、消化不良、月经不调、经闭、夜盲症、蜂窝疮。

**[参考书目]** 《中国植物志》，《中华本草》，*Flora of China*，《海南植物物种多样性编目》。

花　　　　　　　　　　　　花萼

植株

生境

# ◇大戟科

## 8 蓖 麻 （别名：大麻子、老麻子、草麻）

*Ricinus communis* L.

[分类] 大戟科 Euphorbiaceae
蓖麻属 *Ricinus* L.

[形态特征] 一年生粗壮草本或亚灌木，在南方地区常成为多年生灌木或小乔木，株高2～5米。茎多液汁，小枝、叶和花序通常被白霜。叶大，轮廓近圆形，长和宽达40厘米或更大，互生，叶片盾状着生，掌状深裂，7～11裂，裂缺几达中部，裂片卵状披针形或长圆形，先端渐尖，边缘有锯齿；掌状脉7～11条，网脉明显；叶柄粗壮，无毛，中空，长可达40厘米，顶端具2枚盘状腺体，基部具盘状腺体；托叶长三角形，长2～3厘米，早落。总状花序或圆锥花序，长15～30厘米或更长；苞片阔三角形，膜质，早落；花单性，雌雄同株，无花瓣，下部着生雄花，上部着生雌花；雄花：花萼裂片卵状三角形，长7～10毫米；雄蕊束众多；雌花：萼片卵状披针形，长5～8毫米，凋落；子房卵状，直径约5毫米，密生软刺或无刺，花柱红色，长约4毫米，顶部2裂，密生乳头状突起。蒴果卵球形或近球形，长1.5～2.5厘米，果皮具软刺或平滑。种子椭圆形，微扁平，长8～18毫米，光滑，种皮硬质，有光泽并具黑、白、棕色斑纹，种阜大。

[分布及生境] 海南全岛滨海逸生，尤其文昌、儋州滨海分布较多，生长于滨海村旁、路边、荒地、草坡，有时与黄槿、厚藤、孪花蟛蜞菊、金腰箭、飞机草、滨刀豆、对叶榕、五爪金龙、龙珠果、饭包草等混生。

[价值] 叶性平，味甘、辛，有小毒，具有消肿拔毒、止痒的功效；用于治疮疡肿毒、湿疹搔痒；还可灭蛆、杀孑孓。根性平，味淡、微辛，具有祛风活血、止痛镇静的功效；用于治风湿关节痛、破伤风、癫痫、精神分裂症。种子毒性大，但含油量高，是重要工业用油，可制表面活性剂、脂肪酸甘油酯、酯二醇、干性油、癸二酸、聚合用的稳定剂、增塑剂、泡沫塑料及弹性橡胶等，也是高级润滑油原料，还可作药剂，有缓泻作用。油粕可作肥料、饲料以及活性炭和胶卷的原料。蓖麻茎皮富含纤维，为造纸和人造棉原料。

[参考书目]《全国中草药汇编》、《中国植物志》、《中国高等植物图鉴》、*Flora of China*。

花序 果

花序 植株

生境

# 9 飞扬草 （别名：乳籽草、飞相草、大飞扬、大乳汁草、节节花）

*Euphorbia hirta* L.

[分类] 大戟科 Euphorbiaceae
　　　大戟属 *Euphorbia* L.

[形态特征] 一年生草本，折断时有白色乳汁。根纤细，常不分枝，偶有 3～5 分枝。茎单一，自中部向上分枝或不分枝，高 30～70 厘米；茎枝被褐色或黄褐色的粗硬毛，上部毛更密。单叶对生，叶柄极短，叶披针状长圆形、长椭圆状卵形或卵状披针形，先端极尖或钝，基部略偏斜；边缘于中部以上有细锯齿，中部以下较少或全缘；叶面绿色，叶背灰绿色，有时具紫色斑，两面均具柔毛，叶背面脉上的毛较密。花序于叶腋处密集成头状，多数，基部无梗或仅具极短的柄，变化较大，且具柔毛；总苞钟状，高与直径各约 1 毫米，被柔毛，边缘 5 裂，裂片三角状卵形；腺体 4，漏斗状，边缘具白色附属物；雄花数枚；雌花 1 枚，具短梗；子房三棱状，被少许柔毛；花柱 3，分离，柱头 2 浅裂。蒴果三棱状，长与直径均约 1～1.5 毫米，被短柔毛，成熟时分裂为 3 个分果爿。种子近圆状四棱，每个棱面有数个纵糟，无种阜。

[分布及生境] 海南岛全岛滨海，分布于海南滨海的村落旁、路边、鱼虾塘埂上、草坡等地，常与四生臂形草、牛筋草、厚藤、刺花莲子草、饭包草、滨刀豆、田青、龙珠果、假海马齿等混生。

[价值] 全草入药，具有清热解毒、通乳、利湿止痒的功效；用于肺痈、乳痈、疔疮肿毒、牙疳、痢疾、泄泻、热淋、血尿、湿疹、脚癣、皮肤瘙痒、产后少乳；鲜汁外用治癣类。

[参考书目]《中国植物志》,《海南植物志》,《中国药典》,*Flora of China*,《海南植物物种多样性编目》。

花序　　　　　　　　　　　　　　　茎、叶

植株

生境

# 10 // 猩猩草 （别名：草本一品红）

*Euphorbia cyathophora* Murray

[分类] 大戟科 Euphorbiaceae
大戟属 *Euphorbia* L.

[形态特征] 一年生或多年生草本，高可达 100 厘米。茎基部有时木质化，直立、单生或上部有分枝，光滑无毛。叶互生，叶形多变，卵形、椭圆形、披针形或条形，先端尖或圆，基部渐狭，叶长 3～10 厘米，宽 1～5 厘米，边缘波状分裂或具波状齿或全缘，无毛；叶柄长 1～3 厘米；总苞叶与茎生叶同形，较小，长 2～5 厘米，宽 1～2 厘米，淡红色或仅基部红色。杯状花序单生，数枚于茎或分枝的顶端排列为密集的聚伞状；总苞绿色，钟形，边缘 5 裂；腺体 1～2，杯状，近两唇形，黄色；雄花多枚，常伸出总苞之外；雌花 1 枚，子房柄明显伸出总苞处；子房三棱状球形，光滑无毛，花柱 3，离生；柱头 2 浅裂。蒴果卵圆状三棱形，无毛，成熟时分裂为 3 个分果瓣。种子卵形，褐色至黑色，表面有疣状突起，无种阜。

[分布及生境] 原产中南美洲，目前在海南岛滨海尤其文昌、琼海滨海分布较集中，生长于高潮线附近的椰林缘、村旁路边，有时与假蒟、马缨丹、饭包草、白茅、斑茅等混生，有时成片生长成为优势种群。

[价值] 常栽培于公园、植物园及温室中，用于观赏，也可作盆栽和切花材料。

[参考书目]《中国植物志》,《海南植物物种多样性编目》,《海南植物志》, *Flora of China*。

花序　　　　　　　　果

植株　　　　　　　　　　　　总苞

生境

# 11 地杨桃 (别名：坡荔枝)
*Microstachys chamaelea* (L.) Müll. Arg.

[分类] 大戟科 Euphorbiaceae
地杨桃属 *Microstachys* A. Juss.

[形态特征] 多年生草本植物。茎高 20～60 厘米，基部多木质化，多分枝，分枝常呈二歧式，纤细，先外倾而后上升，具锐纵棱，无毛或幼嫩部分被柔毛。叶互生，厚纸质，叶片线形或线状披针形，长 2～5.5 厘米，宽 0.2～1 厘米，顶端钝，基部略狭，边缘有密细齿，基部两侧边缘上常有中央凹陷的小腺体，背面被柔毛；中脉两面均凸起，背面更明显，侧脉不明显；叶柄短，长约 2 毫米，常被柔毛；托叶宿存，卵形，长约 1 毫米，顶端渐尖，具缘毛。花单性，雌雄同株，聚集成侧生或顶生的纤弱穗状花序；雄花多数，螺旋排列于被毛的花序轴上部，雌花 1 至数朵着生于花序轴下部或有时单独侧生；雄花的苞片卵形，顶端尖，具细齿，基部两侧各具一顶端钝而近匙形的腺体，每一苞片内有花 1～2 朵；萼片 3 枚，卵形，顶端短尖，边缘具细齿；雄蕊 3 枚，花药球形，花丝极短；雌花的苞片披针形，具齿，两侧腺体长圆形，顶端钝；萼片 3 枚，阔卵形，边缘具撕裂状的小齿，基部向轴面有小腺体，子房三棱状球形，3 室，无毛，有皮刺，花柱 3 枚，分离。蒴果三棱状球形，直径 3～4 毫米，分果爿背部具 2 纵列的小皮刺，脱落后而中轴宿存。种子近圆柱形，光滑，长约 3 毫米。

[分布及生境] 海南昌江、乐东、东方、儋州滨海，生长于滨海空旷沙地、路边、草坡，与厚藤、仙人掌、匍枝栓果菊、盐地鼠尾粟、滨刀豆等混生。

[价值] 全草入药，味咸，性寒，具有清肝明目、祛风除湿、舒筋活血、止痛的功效。

[参考书目]《中国植物志》,《海南植物志》,《中国中药资源志要》,*Flora of China*,《海南植物物种多样性编目》。

果

植株

生境

# 12 // 艾 堇 （别名：假叶下珠、艾堇守宫木）

*Sauropus bacciformis* (L.) Airy Shaw

**[分类]** 大戟科 Euphorbiaceae
守宫木属 *Sauropus* Blume

**[形态特征]** 一年多或多年生草本。全株均无毛，高 14～60 厘米。茎匍匐状或斜升，单生或自基部有多条斜生或平展的分枝，枝条具锐棱或具狭的膜质的枝翅。叶片鲜时近肉质，干后变膜质，形状多变，长圆形、椭圆形、倒卵形、近圆形或披针形，长 1～2.5 厘米，宽 0.2～1.2 厘米，顶端钝或急尖，具小尖头，基部圆或钝，有时楔形，侧脉不明显；叶柄长约 1 毫米；托叶狭三角形，长约 2 毫米，顶端具芒尖。花雌雄同株；雄花：数朵簇生于叶腋，萼片宽卵形或倒卵形，内面有腺槽，先端具不规则的圆齿，花盘腺体 6，肉质，与萼片对生，黄绿色，雄蕊 3，花丝合生；雌花单生于叶腋，萼片长圆状披针形，顶端渐尖，内面具腺槽，无花盘；子房 3 室，花柱 3，分离，顶端 2 裂。蒴果卵球形，直径约 0.4 厘米，高约 0.6 厘米，幼时红色，成熟时开裂为 3 个 2 裂的分果爿。种子浅黄色，长约 3.5 毫米，宽约 2 毫米，有小疣点。

**[分布及生境]** 海南岛滨海有分布，生长于潮间带、空旷沙地，有时独立成片生长，有时与盐地鼠尾粟、厚藤、补血草、南方碱蓬、香附子、粗根茎莎草等滨海植物混生。

**[价值]** 对土壤适应性广，为海岸优良固沙植物之一。

**[参考书目]**《中国植物志》,《海南植物志》, *Flora of China*,《海南植物物种多样性编目》,《南方滨海耐盐植物资源(一)》。

果　　　　　　　　　　　　　　花序

植株

生境

# 13 // 麻叶铁苋菜
*Acalypha lanceolata* Willd.

[分类] 大戟科 Euphorbiaceae
铁苋菜属 *Acalypha* L.

[形态特征] 一年生直立草本，高约 40～70 厘米。嫩枝密生黄褐色柔毛及疏生的粗毛。叶基出 5脉，膜质，菱状卵形或长卵形，长 4～8 厘米，宽 2～4 厘米，顶端渐尖，基部楔形或阔楔形，边缘具锯齿，两面具疏毛；叶柄长 2～5.5 厘米，具柔毛；托叶披针形。雌雄花同序，花序 1～3 个腋生，花序梗几无，花序轴被短柔毛；雌花苞片 3～9 枚，半圆形，长 2.5～4 毫米，宽 5～6 毫米，约具 11 枚短尖齿，边缘散生腺毛，外面被柔毛，掌状脉明显，苞腋具雌花 1朵，花梗无；雌花萼片 3 枚，狭三角形，子房具柔毛，花柱 3 枚，长约 2 毫米，撕裂各 5条；雄花生于花序的上部，排列呈短穗状，雄花苞片披针形，长约 0.5 毫米，苞腋具簇生的雄花 5～7 朵；花萼裂片 4 枚，雄蕊 8 枚；花序轴的顶部或中部具 1～3 朵异形雌花；异形雌花，萼片 4 枚，披针形，子房扁倒卵状，顶部二侧具环形撕裂，花柱 1 枚，位于子房基部，撕裂。蒴果具 3 个分果爿，具柔毛。种子卵状，种皮平滑，假种阜小。

[分布及生境] 海南岛滨海有分布，生长于滨海村旁、路边、林下潮湿开阔沙地，常与宽叶十万错、饭包草、白花丹、糙叶丰花草、虎掌藤、丰花草、长春花等混生。

[价值] 目前未查阅到相关应用方面的研究报道。

[参考书目]《中国植物志》,《海南植物志》, *Flora of China*,《海南植物物种多样性编目》。

花序

植株

生境

# 14 // 黄珠子草 (别名：细叶油树、珍珠草、鱼骨草、日开夜闭、地珍珠)

*Phyllanthus virgatus* G. Forst.

[分类] 大戟科 Euphorbiaceae
   叶下珠属 *Phyllanthus* L.

[形态特征] 一年生草本，通常直立，全株无毛，高可达 60 厘米。枝条通常自茎基部发出，有时主茎不明显，茎基部具窄棱，枝条上部扁平而具棱。叶片近革质，线状披针形、长圆形或狭椭圆形，长约 5～25 毫米，宽约 2～7 毫米，顶端钝或急尖，有小尖头，基部圆而稍偏斜；叶柄极短；托叶膜质，卵状三角形，长约 1 毫米，褐红色。通常 2～4 朵雄花和 1 朵雌花同簇生于叶腋；雄花：直径约 1 毫米，花梗长约 2 毫米，萼片 6，宽卵形或近圆形，长约 0.5 毫米；雌花：花梗长约 5 毫米；花萼深 6 裂，裂片卵状长圆形，长约 1 毫米，紫红色，外折，边缘稍膜质；花盘圆盘状，不分裂；子房圆球形，3 室，具鳞片状凸起，花柱分离，2 深裂几达基部，反卷。蒴果扁球形，直径约 2～3 毫米，紫红色，有鳞片状凸起；果梗丝状，长约 5～12 毫米；萼片宿存。种子小，具细疣点。

[分布及生境] 海南岛滨海有零星分布，常分生长于滨海潮湿的灌木林下、草坡、空旷沙地、废弃盐田埂，与仙人掌、地杨桃、盐地鼠尾粟、无茎粟米草、绒马唐、无根藤、臭矢菜等混生。

[价值] 全株入药，味甘、苦，性平，具有清热利湿、消食、退翳的功效，用于小儿疳积及疳积入眼等症状。

[参考书目]《中国植物志》,《海南植物志》, *Flora of China*,《海南植物物种多样性编目》。

枝　花　果

枝

生境

# ◇蝶形花科

**15** // 海南蝙蝠草

*Christia hainanensis* Y. C. Yang & P. H. Huang

[分类] 蝶形花科 Papilionaceae
　　　　蝙蝠草属 *Christia* Moench.

[形态特征] 多年生草本。茎直立，高达 100 厘米，上部与花序总轴密被灰黄色钩状柔毛和疏被白色柔毛。叶为羽状三出复叶；托叶刺毛状，长 6～7 毫米，具条纹，有睫毛；叶柄长 1.5～2 厘米，密被灰黄色钩状柔毛和疏被柔毛；小叶纸质，顶生小叶近倒三角形，长 2～3 厘米，宽 1.5～2.5 厘米，先端截形或下凹，基部宽楔形或近圆形，侧生小叶略细小，倒卵形，先端截形，微凹，基部楔形，上面被灰色柔毛，下面被灰色贴伏柔毛，侧脉 4～5 条，两面隆起；小托叶刺毛状；小叶柄长 6～7 毫米。圆锥花序顶生或腋生，长 6～12 厘米，疏花，总花轴密被灰黄色钩状柔毛和疏被柔毛，花 1～2 朵簇生；花梗纤细，长 5～6 毫米，密被灰黄色钩状柔毛；宿萼钟状，长 6 毫米，外面具网纹，被灰黄色柔毛，5 裂，裂片三角形，上部 2 裂片合生。荚果完全内藏，有荚节 2～3 个，荚节椭圆形，长 2.5～3 毫米，宽约 2 毫米，具网纹，被极短钩状柔毛。

[分布及生境] 海南东方滨海地区，生长于干旱的林下、林缘、路边、草坡，常在桉树林缘与白茅、土丁桂、罗勒、飞机草、赛葵等混生。

[价值] 蝙蝠草全草入药，味甘、微辛，性平，具有舒筋活血、调经祛瘀的功效，用于痛经、跌打损伤、风湿骨痛、毒蛇咬伤、痈疮。但海南蝙蝠草是否有相同的功效未知。

[参考书目]《中国中药资源志要》,《中国植物志》,《海南植物志》,《中国高等植物图鉴》,《海南植物物种多样性编目》, *Flora of China*。

花

花序　　　　　　　　植株

生境

# 16 // 海刀豆 （别名：水流豆）

*Canavalia rosea* (Sw.) DC.

[分类] 蝶形花科 Papilionaceae
刀豆属 *Canavalia* Adans.

[形态特征] 多年生粗壮草质藤本。茎粗壮，被稀疏的微柔毛。羽状复叶具 3 小叶，小叶倒卵形、卵形、椭圆形或近圆形，长 5～14 厘米，宽 4～10 厘米，先端通常圆，截平、微凹或具小凸头，稀渐尖，基部楔形至近圆形，侧生小叶基部常偏斜，两面均被长柔毛，侧脉每边 4～5 条；托叶、小托叶小，不显著；叶柄长 2.5～7 厘米，小叶柄长 5～8 毫米。总状花序腋生，连总花梗长可达 30 厘米；花 1～3 朵聚生于花序轴近顶部的每一节上；小苞片 2，卵形，着生在花梗的顶端；花萼钟状，长约 1 厘米，被短柔毛，上唇裂齿半圆形，下唇 3 裂片小；花冠紫红色，旗瓣圆形，长约 2.5 厘米，顶端凹入，翼瓣镰状，具耳，龙骨瓣长圆形，弯曲，具线形的耳；子房被绒毛。荚果线状长圆形，长 8～12 厘米，宽 2～2.5 厘米，厚约 1 厘米，顶端具喙尖，离背缝线均 3 毫米处的两侧有纵棱，荚果具短柄，成熟时膨胀。种子椭圆形，种皮褐色，种脐长约 1 厘米。

[分布及生境] 海南岛滨海，常分布于海滨沙滩、村庄旁、林缘，常成片覆盖于滨海沙地成为优势种群，有时与单叶蔓荆、厚藤、滨豇豆、匍枝栓果菊、卤地菊、阔苞菊、老鼠芳、蒭雷草等植物混生。

[价值] 有毒植物，其有毒部分为豆荚和种子。人中毒后头晕、呕吐，严重者昏迷。豆荚和种子经水煮沸、清水漂洗可供食用，但常因加工不当而发生中毒。

[参考书目] 《中国植物志》，《中国有毒植物》，《海南植物物种多样性编目》，*Flora of China*。

花                  荚果

植株

生境

# 17 /// 灰毛豆 （别名：灰叶、红花灰叶、假靛青）

*Tephrosia purpurea* (L.) Pers.

[分类] 蝶形花科 Papilionaceae
灰毛豆属 *Tephrosia* Pers.

[形态特征] 灌木状草本，株高为 30～60 厘米，少
有 1 米以上，多分枝。茎基部木质化，近直立
或伸展，具纵棱，近无毛或被短柔毛。羽状复
叶长约 7～17 厘米，叶柄短，叶轴有短柔毛；
托叶锥形，长约 4 毫米；小叶 4～8 对，有时
可达 10 对，椭圆状长圆形至椭圆状倒披针形，
长约 15～35 毫米，宽约 4～14 毫米，先端钝、
截形或微凹，具短尖，基部狭圆，上面无毛，
下面被平伏短柔毛，侧脉 7～12 对，清晰；小
叶柄极短，约 2 毫米，被毛。总状花序顶生、
与叶对生或生于上部叶腋，长约 10～15 厘米，
较细；花每节 2 朵，稀有 4 朵，疏散；苞片锥
状狭披针形；花梗细，长约 2～4 毫米，果期
稍伸长，被柔毛；花萼阔钟状，被柔毛，萼齿
狭三角形，尾状锥尖，近等长，长约 2.5 毫
米；花冠紫色或淡紫色，旗瓣扁圆形，外面被
细柔毛，翼瓣长椭圆状倒卵形，龙骨瓣近半圆
形；子房密被柔毛，花柱线形，无毛，柱头点
状，无毛或稍被画笔状毛，胚珠多数。荚果条
状矩形，长约 3～5 厘米，稍上弯，顶端具短
喙，被稀疏平伏柔毛。种子灰褐色，具斑纹，
椭圆形，扁平，种脐位于中央。

[分布及生境] 海南岛滨海区域常见，生长于高潮
线附近的干旱空旷沙地、木麻黄林缘，与马缨
丹、铺地黍、阔苞菊等混生。

[价值] 枝叶是很好的绿肥；该种抗逆性强，可作
为固沙、海岸堤坝保护植物；含麻醉剂，枝叶
捣碎可以用于毒鱼。

[参考书目] 《中国植物志》，《中国高等植物图鉴》，
*Flora of China*，《海南植物物种多样性编目》。

花

叶

植株

果

生境

# 18 滨豇豆

*Vigna marina* (Burm.) Merr.

[分类] 蝶形花科 Papilionaceae
豇豆属 *Vigna* Savi

[形态特征] 多年生匍匐或攀缘草本。茎幼时被毛，老时无毛或被疏毛。羽状复叶具3小叶；托叶基着，卵形，长3～5毫米；小叶近革质，卵圆形或倒卵形，先端浑圆，钝或微凹，基部宽楔形或近圆形，两面被极稀疏的短刚毛至近无毛；叶柄长1.5～11.5厘米，叶轴长0.5～3厘米。总状花序长2～4厘米，被短柔毛；总花梗长3～13厘米，有时增粗；小苞片披针形，长约1.5毫米，早落；花萼管长2.5～3毫米，无毛，裂片三角形，长1～1.5毫米，上方的一对连合成全缘的上唇，具缘毛；花冠黄色，旗瓣倒卵形，长1.2～1.3厘米，宽约1.4厘米；翼瓣及龙骨瓣长约1厘米。荚果线状长圆形，微弯，肿胀，长3.5～6厘米，宽8～9毫米，嫩时被稀疏微柔毛，老时无毛，种子间稍收缩。种子2～6颗，黄褐色或红褐色，长圆形，种脐长圆形，一端稍狭，种脐周围的种皮稍隆起。

[分布及生境] 海南滨海，尤其文昌、琼海滨海分布较集中，生于高潮线附近滨海沙地上，常成片独立成为优势种群，有时与厚藤、海刀豆、孪花蟛蜞菊、匍枝栓果菊、无根藤、阔苞菊等植物混生。

[价值] 防风定沙的优良植物，根具根瘤菌，具有固氮作用，可以用于改善海涂新生地的土质，也是优良的牧草。

[参考书目] 《中国植物志》，《海南植物物种多样性编目》，*Flora of China*。

花　　　　　　豆荚　　　　　　　豆荚

植株

生境

# 19 // 链荚豆 （别名：小豆、水咸草、蓼蓝豆、单叶草）

*Alysicarpus vaginalis* (L.) DC.

[分类] 蝶形花科 Papilionaceae

链荚豆属 *Alysicarpus* Neck. ex Desv.

[形态特征] 多年生草本。簇生或基部多分枝；茎平卧或上部直立，高约 30～90 厘米，无毛或稍被短柔毛。单叶，上面无毛，下面稍被短柔毛，全缘，侧脉 4～5 条，有的叶片叶脉达 9 条，稍清晰，叶形状及大小变化很大，茎上部叶通常为卵状长圆形、长圆状披针形至线状披针形，下部小叶为心形、近圆形或卵形；托叶线状披针形，干膜质，具条纹，无毛，与叶柄等距或稍长；叶柄无毛。总状花序腋生或顶生，长约 1.5～7 厘米，有花 6～12 朵，成对排列于节上；苞片膜质，卵状披针形；花梗长约 3～4 毫米；花萼膜质，比第一个荚节稍长，5 裂；花冠略伸出于萼外，旗瓣宽，倒卵形；子房被短柔毛。荚果扁圆柱形，长约 1.5～2.5 厘米，宽约 2～2.5 毫米，被短柔毛，有不明显皱纹，荚节 4～7 节，荚节间不收缩，但分界处有略隆起线环。

[分布及生境] 原产南亚、东非，目前海南岛全岛滨海有分布，生长于滨海空旷沙地、草坡，常与虎尾草、香附子、牛筋草、黄茅、硬毛木蓝、铺地蝙蝠草、三点金等混生；偶有在潮间带分布，与海马齿、单叶蔓荆、盐地鼠尾粟等混生。

[价值] 全草入药，味甘、苦，性平，具有活血通络、清热化湿、驳骨消肿的功效，用于治疗跌打损伤、半身不遂、股骨酸痛、肝炎、蛇咬伤、骨折、外伤出血、疮疡溃烂久不收口等。也是良好的绿肥，在我国南方有小面积栽培。

[参考书目] 《中国植物志》，《海南植物志》，《中国高等植物图鉴》，*Flora of China*，《海南植物物种多样性编目》。

花序　　　　　　　　　　　　　荚果

荚果

植株　　　　　　　　　　　　　叶

生境

# 20 // 小鹿藿 （别名：小血藤、山豆仔藤、山菜豆仔藤、小号一条根、小叶括根、小花鹿藿）

*Rhynchosia minima* (L.) DC.

[分类] 蝶形花科 Papilionaceae
　　　　鹿藿属 *Rhynchosia* Lour.

[形态特征] 缠绕状一年生草本。茎很纤细，扭曲性，具细纵纹，略被短柔毛。叶具羽状 3 小叶；托叶小，披针形，常早落；叶柄长 1～4 厘米，具微纵纹，无毛或略被短柔毛；小叶膜质或近膜质，顶生小叶菱状圆形，长、宽均 1.5～3 厘米，有时宽大于长，先端钝或圆，稀短急尖，两面无毛或被极细的微柔毛，下面密被小腺点，基出脉 3；小托叶极小；小叶柄极短，侧生小叶与顶生小叶近相等或稍小，斜圆形。总状花序腋生，长 5～11 厘米，花序轴纤细，微被短柔毛；花小，长约 8 毫米，排列稀疏，常略下弯；苞片小，披针形，早落；花梗极短；花萼长约 5 毫米，微被短柔毛，裂片披针形，略长于萼管，其中下面一裂片较长；花冠黄色，伸出萼外，各瓣近等长，旗瓣倒卵状圆形，基部具瓣柄和 2 尖耳，翼瓣倒卵状椭圆形，具瓣柄和耳，龙骨瓣稍弯，先端钝，具瓣柄；二体雄蕊；花药单型；花柱无毛。荚果倒披针形至椭圆形，长 1～1.7 厘米，宽约 5 毫米，被短柔毛。种子 1～2 颗。

[分布及生境] 海南三亚、儋州、乐东、东方滨海，分布于滨海废弃盐田埂上、草坡，有时独立成片生长，有时与蛇婆子、臭根子草、香附子、红毛草、盐地鼠尾粟、狗牙根、光枝阔苞菊、链荚豆等混生。

[价值] 味苦涩，性温，具有清热解毒、疏风热、清肝明目的功效，用于上呼吸道感染、肺炎、咽喉肿痛、风热感冒、肝热目痛、目赤肿痛、关节肿痛、皮肤红肿干痛、疹出不透及风疹瘙痒；还可作牧草和绿肥。

[参考书目] 《中国植物志》，《海南植物物种多样性编目》，*Flora of China*，《台湾维管束植物简志》。

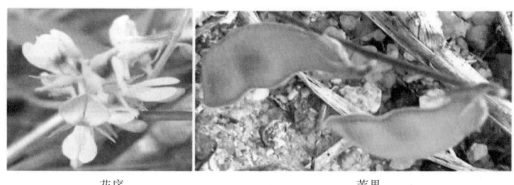

花序　　　　　　　　　　　　　　　　　　荚果

植株

生境

# 21 // 滨海木蓝 （别名：滨木蓝）

*Indigofera litoralis* Chun & T.C. Chen

[分类] 蝶形花科科 Papilionaceae
木蓝属 *Indigofera* L.

[形态特征] 多年生披散草本，有时为匍匐状。茎基部木质，枝方形；茎和枝的下部无毛，其余部分有紧贴白色丁字毛。叶为羽状复叶，长约1.5～3厘米；叶柄长约1.5～3毫米；托叶膜质，线状披针形，长约3～4毫米，渐尖，基部扩大；小叶1～3对，互生，通常线形，稀狭长圆形，长约7～20毫米，宽约1.5～3毫米，长宽比约为6:1，先端渐尖或近急尖，基部楔形，两面有平贴丁字毛，上面的后期逐渐脱落，下面毛较密，中脉上面凹入，侧脉和细脉两面均不明显；小叶柄长极短，不及1毫米。总状花序长约2～3厘米，花小，密集；总花梗长约5～8毫米；苞片卵形，长约2毫米，脱落；花梗短，长不及1毫米；花萼钟状，外面有丁字毛，萼齿线状钻形；花冠伸出萼外，红色，长约5毫米，旗瓣倒卵形，先端圆钝，瓣柄短，外面中部以上被丁字毛，翼瓣倒卵状长圆形，龙骨瓣镰形，无毛，有短瓣柄；子房线状，有毛。荚果劲直，四棱，下垂，线形，背腹缝有隆起的脊，在种子间有隔膜，有种子7～10粒。种子赤褐色，长方形，两端截平。

[分布及生境] 海南岛昌江滨海有零星分布，生长于入海口的空旷干旱沙地，与滨刀豆、卤地菊、匐枝栓果菊、厚藤、老鼠芳等滨海植物混生。

[价值] 目前未查阅到其应用方面的相关研究报道。

[参考书目]《中国植物志》,《海南植物志》, *Flora of China*,《海南植物物种多样性编目》。

叶

花                    花序

植株

生境

# 22 硬毛木蓝 （别名：刚毛木蓝、毛木蓝）

*Indigofera hirsuta* L.

**[分类]** 蝶形花科 Papilionaceae

木蓝属 *Indigofera* L.

**[形态特征]** 平卧或直立亚灌木，高可达1米，多分枝。茎圆柱形，枝、叶柄和花序均被开展长硬毛。羽状复叶长 2.5～10 厘米；叶柄长约 1 厘米，叶轴上面有槽，有灰褐色开展毛；小叶 3～5 对，对生，纸质，倒卵形或长圆形，长 3～3.5 厘米，宽 1～2 厘米，先端圆钝，基部阔楔形，两面有伏贴毛，下面较密，侧脉 4～6 对，不显著；小叶柄长约 2 毫米。总状花序长 10～25 厘米，密被锈色和白色混生的硬毛，花小，密集；总花梗较叶柄长；苞片线形，长约 4 毫米；花梗长约 1 毫米；花萼长约 4 毫米，外面有红褐色开展长硬毛，萼齿线形；花冠红色，长 4～5 毫米，外面有柔毛，旗瓣倒卵状椭圆形，有瓣柄，翼瓣与龙骨瓣等长，有瓣柄，距短小；花药卵球形，顶端有红色尖头；子房有淡黄棕色长粗毛，花柱无毛。荚果线状圆柱形，长约 1.5～2 厘米，径 2.5～8 毫米，有开展长硬毛，有种子 6～8 粒，内果皮有黑色斑点；果梗下弯。

**[分布及生境]** 海南岛全岛滨海，主要分布于滨海村旁、路边或空旷沙地，常与链荚豆混生，有时与一些禾本科植物(如白茅、黄茅、肠须草、龙爪茅、冰糖草)及飞机草、马缨丹、心萼薯、含羞草等混生。

**[价值]** 叶可入药，味苦、微涩，性凉，具有解毒消肿的功效，用于治疗疮疥。

**[参考书目]** 《中国植物志》，《海南植物志》，*Flora of China*，《海南植物物种多样性编目》。

花序

荚果　　　　　　　　　　　茎

叶　　　　　　　　　　　植株

生境

◇**椴树科**

**23** **粗齿刺蒴麻**

*Triumfetta grandidens* Hance

[分类] 椴树科 Tiliaceae
刺蒴麻属 *Triumfetta* L.

[形态特征] 多年生木质草本。茎披散或匍匐,多
分枝;嫩枝有简单柔毛。叶变异较大,下部叶
菱形,3～5 裂,上部叶长圆形,长 1～2.5 厘
米,宽 7～15 毫米,先端钝,基部楔形,两面
无毛或下面脉上有毛;三出脉;边缘有粗齿;
叶柄长 5～10 毫米,被毛。聚伞花序腋生,长
10～20 毫米,花序柄长 5～7 毫米;花柄长
2～3 毫米;萼片线形,黄色,长 6 毫米,外面
被柔毛;花瓣黄色,阔卵形,有短柄,比萼片
稍短;雄蕊 8～10 枚;子房 2～3 室,被毛。
蒴果球形;针刺长 2～4 毫米,被柔毛,先端
有短钩。

[分布及生境] 海南岛万宁滨海有少量分布,分布
于滨海空旷沙地,与单叶蔓荆、滨海大戟、白
茅、厚藤、卤地菊、小花吊兰等混生。

[价值] 生长于滨海沙地,抗逆性强,可作为海岸
固定流沙植被。

[参考书目] 《中国植物志》、《海南植物志》、*Flora of
China*、《海南植物物种多样性编目》。

花　　　　　　　果　　　　花

植株

生境

# ◇番杏科

## 24 // 番 杏 （别名：新西兰菠菜、法国菠菜）

*Tetragonia tetragonioides* (Pall.) Kuntze

[分类] 番杏科 Aizoaceae

番杏属 *Tetragonia* L.

[形态特征] 一年生肉质草本，全株无毛。茎初直立，后平卧上升，高可达 60 厘米，淡绿色，从基部分枝。叶互生，叶片三角卵形或菱状卵形，长 3～10 厘米，宽 2.5～5.5 厘米，边缘波状，嫩叶上有银色粉状物，顶端钝，基部下延至叶柄。具花 1～3 朵簇生于叶腋；花梗短；花被筒钟形，长 2～3 毫米，3～5 裂，常 4 裂，裂片开展，广卵形，内面黄绿色，无花瓣；雄蕊 4～13 枚，花丝、花药均为黄色；子房下位，短倒卵形，3～9 室，花柱与子房同数，黄色。坚果陀螺形，骨质，长约 5 毫米，有宿存花萼，表面有角状突起，具数颗种子。

[分布及生境] 原产澳大利亚、东南亚和智利等地，在海南岛文昌、琼海滨海有分布，分布于滨海潮间带上缘，常独立成片生长；通常与匍茎栓果菊、盐地鼠尾粟、厚藤、滨豇豆、蒺藜草、海雀稗等滨海植物混生。

[价值] 番杏少病虫害，是一种不需要农药的无公害绿色蔬菜，主要以嫩茎叶为食用部分；具有清热解毒、祛风消肿的功效，用于治肠炎、败血病、疗疮红肿、癌病、风热目赤。

[参考书目] 《中华本草》，《全国中草药汇编》，《中国植物志》，《海南植物物种多样性编目》。

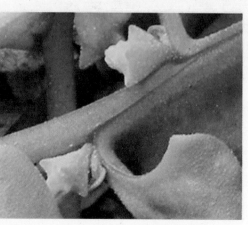

花　　　　　　　　　　　果

植株

生境

# 25 // 海马齿 （别名：滨水菜、海马齿苋、猪母菜）

*Sesuvium portulacastrum* (L.) L.

[分类] 番杏科 Aizoaceae
　　　海马齿属 *Sesuvium* L.

[形态特征] 多年生肉质草本。茎平卧或匍匐，绿色或红色，有白色瘤状小点，多分枝，常节上生根，长 20～50 厘米，稀更长。叶片厚，肉质，线状倒披针形或线形，长约 1.5～5 厘米，顶端钝，中部以下渐狭成短柄状，基部变宽，边缘膜质，抱茎。花单生于叶腋；花梗长 5～15 毫米；花被长 6～8 毫米，筒长约 2 毫米，裂片 5，卵状披针形，外面绿色，里面红色，边缘膜质，顶端急尖；雄蕊 15～40 枚，着生于花被筒顶部，花丝分离或近中部以下合生；子房卵球形，无毛，花柱 3，稀 4 或 5。蒴果卵形，长不超过花被，中部以下环裂。种子小，亮黑色，卵形，顶端凸起。

[分布及生境] 海南岛滨海，主要分布于海南岛江河入海口潮湿沙地、鱼虾塘埂、废弃盐田、海岸礁石，常与海雀稗、盐地鼠尾粟、盐角草、南方碱蓬、补血草等混生，有时独立成片生长，成为优势种群。

[价值] 海马齿具有重要的生态价值：可以为鱼类提供遮阳处所，腐烂叶片亦可供鱼类食用；悬浮种植于虾塘、鱼塘中，可以清除海水中的颗粒悬浮物，净化水质；为一些鸟类筑巢的理想材料；滨海定沙、护岸的良好植物；另外，有研究表明海马齿对一些重金属如汞、镉等有一定吸附能力。

[参考书目]《中国植物志》,《海南植物志》,《海南植物物种多样性编目》, *Flora of China*。

花

植株

生境

# 26 // 假海马齿 （别名：沙漠似马齿苋）

*Trianthema portulacastrum* L.

[分类] 番杏科 Aizoaceae
假海马齿属 *Trianthema* L.

[形态特征] 一年生草本。茎匍匐或直立，近圆柱形或稍具棱，无毛或有细柔毛，常多分枝。叶片薄肉质，无毛，卵形、倒卵形或倒心形，大小变化较大，长 0.8～5 厘米，宽 0.4～4.5 厘米，顶端钝、微凹、截形或微尖，基部楔形；叶柄长 0.4～3 厘米，基部膨大并具鞘；托叶长 2～2.5 毫米。花无梗，单生于叶腋；花被长 4～5 毫米，5 裂，通常淡粉红色，稀白色，花被筒与 1 或 2 个叶柄基部贴生，形成一漏斗状囊，裂片稍钝，在中肋顶端具短尖头；雄蕊 10～25 枚，花丝白色，无毛；花柱 1，长约 3 毫米。蒴果顶端截形，2 裂，上部肉质，不开裂，基部壁薄，有种子 2～9 颗。种子肾形，宽 1～2.5 毫米，暗黑色，表面具螺射状皱纹。

[分布及生境] 海南三亚、临高、儋州海滨，分布于滨海空旷沙地、鱼虾塘埂上，常与海雀稗、阔苞菊、飞扬草、海马齿等混生。

[价值] 假海马齿应用价值未详。

[参考书目]《中国植物志》,《我国西沙群岛的植物和植被》,《海南植物物种多样性编目》, *Flora of China*。

蒴果

植株

生境

# ◇凤尾蕨科

## 27 蜈蚣草

*Pteris vittata* L.

（别名：蜈蚣蕨、小贯仲、百叶尖、蜈蚣蕨、贯众、牛肋巴、筢子草、小蜈蚣草、狗脊、长叶甘草蕨、肺筋草、小牛肋巴、蜈蚣连、斩草剑、梳子草、黑舒筋草）

[分类] 凤尾蕨科 Pteridaceae
凤尾蕨属 *Pteris* L.

[形态特征] 多年生草本，植株高可达2米。根状茎直立，短而粗健，粗约2～2.5厘米，木质，密蓬松的黄褐色鳞片。叶簇生；柄坚硬，长10～30厘米或更长，基部粗3～4毫米，深禾秆色至浅褐色，幼时密被与根状茎上同样的鳞片，以后渐变稀疏；叶片长圆状倒披针形，长20～90厘米或更长，宽5～25厘米或更宽，一回羽状；顶生羽片与侧生羽片同形，侧生羽片多数，可达40对，互生或近对生，下部羽片较疏离，相距3～4厘米，斜展，无柄，不与叶轴合生，向下羽片逐渐缩短，基部羽片仅为耳形，中部羽片最长，狭线形，长6～15厘米，宽5～10毫米，先端渐尖，基部扩大并为浅心脏形，其两侧稍呈耳形，上侧耳片较大并常覆盖叶轴，各羽片间的间隔宽约1～1.5厘米，不育的叶缘有微细而均匀的密锯齿；主脉下面隆起并为浅禾秆色，侧脉纤细，密接，斜展，单一或分叉；植株下部缩短的羽片不育，其他羽片均能育。孢子囊群条形，生于小脉顶端的联接脉上，靠近羽片两侧边缘；连续发布；囊群盖同形，膜质。

[分布及生境] 海南岛滨海有零星分布，少见。分布于村旁、路边的石堆或废弃砖头堆上，与滨刀豆、假臭草、土牛膝、猪菜藤、含羞草等混生。

[价值] 全草或根状茎入药，味淡、苦，性凉，具有祛风活血、舒筋活络、解毒杀虫的功效，用于湿筋骨疼痛、腰痛、肢麻屈伸不利、半身不遂、跌打损伤、感冒、痢疾、乳痈、疮毒、蛔虫症，外用于蛇咬伤、蜈蚣咬伤、疥疮。

[参考书目]《中国植物志》,《中华本草》,《中药大辞典》,《中国高等植物图鉴》,*Flora of China*,《中国植物物种多样性编目》。

植株 叶 叶

生境

# ◇海金沙科

## 28 // 海金沙

(别名：竹园荽、金沙藤、左转藤、蛤蟆藤、罗网藤、铁线藤、吐丝草、鼎擦藤、猛古藤)

*Lygodium japonicum* (Thunb.) Sw.

[分类] 海金沙科 Lygodiaceae
　　　海金沙属 *Lygodium* Sw.

[形态特征] 多年生攀缘草质藤本，植株高可攀达1～4米。叶轴上面有二条狭边，羽片多数，相距约9～11厘米，对生于叶轴上的短距两侧，平展；不育羽片尖三角形，长宽几相等，约10～12厘米或较狭，柄长1.5～1.8厘米，同羽轴一样多少被短灰毛，两侧有狭边，二回羽状；一回羽片2～4对，互生，柄长4～8毫米，和小羽轴都有狭翅及短毛，基部一对卵圆形，长4～8厘米，宽3～6厘米，一回羽状；二回小羽片2-3对，卵状三角形，具短柄或无柄，互生，掌状三裂；末回裂片短阔，中央一条长约2～3厘米，宽6～8毫米，基部楔形或心脏形，先端钝，顶端的二回羽片长约2.5～3.5厘米，宽约8～10毫米，波状浅裂；向上的一回小羽片近掌状分裂或不分裂，较短，不育叶缘有不规则的浅圆锯齿；叶纸质，两面沿中肋及脉上略有短毛，干后绿褐色，主脉明显，侧脉纤细，从主脉斜上，1～2回二叉分歧，直达锯齿；能育羽片卵状三角形，长宽几相等，约12～20厘米，或长稍过于宽，一回小羽片4～5对，互生，相距约2～3厘米，长圆披针形，长5～10厘米，基部宽4～6厘米，一回羽状，二回小羽片3～4对，卵状三角形，羽状深裂。孢子囊穗长2～4毫米，往往长远超过小羽片的中央不育部分，排列稀疏，暗褐色，无毛。

[分布及生境] 海南岛滨海，分布于江河入海口的灌木林缘，攀缘于灌木丛上，一些红树林缘也有生长。

[价值] 全草入药，味甘、咸，性寒。具有清热利湿、通淋止痛功效，用于治小便热淋、砂淋、石淋、血淋、膏淋、尿道涩痛。

[参考书目]《中国药典》,《中国主要植物图说 蕨类植物门》,《中国植物志》,《海南植物物种多样性编目》,*Flora of China*。

叶

植株

生境

# ◇含羞草科

## 29 含羞草 （别名：感应草、知羞草、呼喝草、怕丑草）

*Mimosa pudica* L.

[分类] 含羞草科 Mimosaceae
含羞草属 *Mimosa* L.

[形态特征] 多年生披散、亚灌木状草本，高约
20～60 厘米，稀可高达 1 米。茎圆柱状，分枝
多，遍体散生倒刺毛和下弯的钩刺。羽片和小
叶触之即闭合而下垂；羽片通常 2 对，指状排
列于总叶柄之顶端，长 3～8 厘米；小叶 10～
20 对，线状长圆形，先端急尖，边缘具刚毛。
头状花序圆球形，2～3 个生于叶腋或单生；花
淡红色，花小，多数，花冠钟状，裂片 4，外
面被短柔毛；花萼极小；雄蕊 4 枚，伸出于花
冠之外；子房无毛，有短柄；花柱丝状，柱头
小。荚果扁平，长圆形，稍弯曲，荚缘波状，
边缘有刺毛，荚缘宿存，有 3～4 荚节，每荚
节有 1 颗种子，成熟时节间脱落。种子卵形，
长 3.5 毫米。

[分布及生境] 海南各地滨海有分布，常见，分布
于滨海村边、路旁、荒地、草坡、林缘，常成
片生长成为优势种群，有时与铁线草、牛筋
草、黄茅、小心叶薯、链荚豆、糯米团、赛
葵、刺蒴麻等植物混生。

[价值] 全草入药，味甘，性寒，有小毒。具有清
热利尿、化痰止咳、安神止痛、解毒、散瘀、
止血、收敛等功效，可用于感冒、小儿高热、
急性结膜炎、支气管炎、胃炎、肠炎，泌尿系
结石、疟疾、神经衰弱，外用可治疗跌打肿
痛、疮疡肿毒、咯血、带状疱疹；除了供药用
外还有具有一定的园林观赏价值；另外，有报
道称含羞草还可以用于天气预报。

[参考书目]《中国植物志》,《海南植物志》,《海南植
物物种多样性编目》, *Flora of China*。

花

茎、叶

生境

# ◇禾本科

**30** // **白 茅** （别名：丝茅、茅针、茅根、白茅草、丝茅草根）

*Imperata cylindrica* var. *major* (Nees) C. E. Hubb.

[分类] 禾本科 Poaceae

白茅属 *Imperata* Cirillo

[形态特征] 多年生直立草本。具强烈侵占性的长根状茎，秆直立，高 30～90 厘米，节上通常有长柔毛。叶鞘无毛或有时上部边缘及鞘口具毛，老后破碎呈纤维状；叶舌干膜质；叶片线形或披针状线形，长 15～60 厘米，宽 5～9 毫米，硬而直立，顶端渐尖或急尖，边缘及腹面粗糙，背面光滑。圆锥花序稠密，穗状圆柱形，长 5～30 厘米，宽 0.6～2.5 厘米；小穗圆柱状披针形，长 2.5～4.5 毫米；基部有长为小穗 3～5 倍的白色丝状毛；小穗通常孪生，具不等长的柄，柄的顶端呈杯状。颖近相等，下部近草质，上部膜质，背部疏生丝状长柔毛；第一颖较窄，具 3 或 4 条脉，背面脉稍凸起；第二颖稍宽，具 4～6 脉；第一小花退化而仅存 1 长卵圆形膜质透明外稃；第二小花两性，内外稃几乎等长，为透明膜质，内稃宽阔，先端截平，近方形或宽大于长，顶端凹入或具大小不等的数齿；雄蕊 2 枚，花药黄色，长 2～3 毫米；柱头长，紫色，成熟后带紫色且远伸出于小穗之外。

[分布及生境] 海南岛滨海有分布，常见，生长于滨海空旷干旱沙地、村旁、路边、草坡，有时单独成片独立生长，有时与厚藤、匍枝栓果菊、长春花、车前草、鼠尾粟、飞机草、望江南等混生。

[价值] 根状茎含果糖、葡萄糖等，味甜可食，入药为利尿剂、清凉剂；花序上的白色丝状毛俗用以止血，为血症要药；秆叶为造纸的原料；家畜喜食，为饲用价值中等牧草。

[参考书目]《中国植物志》《海南禾草志》,*Flora of China*,《海南植物物种多样性编目》。

花序

花序

节

植株

叶舌

生境

# 31 // 蒭雷草 (别名：常宫草、沙丘草)

*Thuarea involuta* (G. Forst.) R. Br. ex Sm.

[分类] 禾本科 Poaceae

蒭雷草属 *Thuarea* Pers.

[形态特征] 多年生 $C_4$ 草本植物。秆匍匐地面，节处向下生根，向上抽出叶和花序，直立部分高 4～10 厘米。叶鞘松弛，长 1～2.5 厘米，约为节间长的一半，疏被柔毛，或仅边缘被毛；叶舌极短，有长 0.5～1 毫米的白色短纤毛；叶片披针形，长 2～3.5 厘米，宽 3～8 毫米，通常两面有细柔毛，边缘常部分地波状皱折。穗状花序长 1～2 厘米；佛焰苞长约 2 厘米，顶端尖，背面被柔毛，基部的毛尤密，脉多而粗；穗轴叶状，两面密被柔毛，具多数脉，下部具 1 两性小穗，上部具 4～5 雄性小穗，顶端延伸成一尖头；两性小穗卵状披针形，长 3.5～4.5 毫米，含 2 小花，仅第二小花结实；第一颖退化或狭小而为膜质，第二颖与小穗几等长，革质，具 7 脉，背面被毛；第一外稃草质，具 5～7 脉，背面有毛，内稃膜质，具 2 脉，有 3 雄蕊；第二外稃厚纸质，具 7 脉，除顶部被毛外余几平滑无毛，内稃具 2 脉；雄性小穗长圆状披针形，长 3～4 毫米；第一颖缺，第二颖草质，稍缺于小穗，背面有毛，具 3～5 脉；第一外稃纸质，宽披针形，具 5 脉，背面被毛，内稃膜质，具 2 脉，顶端 2 裂；雄蕊 3 枚，花药长 1.8～2.2 毫米；第二外稃纸质，具 5 脉，内稃具 2 脉；成熟后雄小穗脱落，叶状穗轴内卷包围结实小穗。

[分布及生境] 海南文昌、琼海、陵水、三亚、万宁滨海，尤其琼海滨海分布较集中，生长于滨海空旷沙地、湿润木麻黄林缘，有时独立成片生长，常与厚藤、滨刀豆、番杏、墨苜蓿、匍枝栓果菊、阔苞菊、蒺藜草等混生。

[价值] 家畜采食，可作为良等牧草。

[参考书目] 《中国植物志》,《海南植物志》, *Flora of China*,《海南植物物种多样性编目》。

花序

植株

生境

# 32 斑 茅 （别名：大密、芭茅）

*Saccharum arundinaceum* Retz.

[分类] 禾本科 Poaceae

甘蔗属 *Saccharum* L.

[形态特征] 多年生高大丛生草本。秆粗壮，高可达 2～6 米，直径 1～2 厘米，具多数节，无毛。下部叶鞘长于节间，上部叶鞘短于节间，叶鞘基部或上部边缘生柔毛，鞘口具柔毛，其余均无毛；叶舌膜质，顶端截平；叶互生，宽大，线状披针形，长约 0.6～2 米，宽约 2～5 厘米，顶端长渐尖，基部渐变窄，中脉粗壮，无毛，上面基部生柔毛，边缘锯齿状粗糙。圆锥花序大型，稠密，长约 30～80 厘米，主轴无毛，每节着生 2～4 枚分枝，分枝 2～3 回分出，腋间被微毛；穗轴节间长约长约 3～5 毫米，被长丝状柔毛；无柄与有柄小穗狭披针形，黄绿色或带紫色，基盘小，具长短柔毛；两颖近等长，顶端渐尖，两侧脉不明显，背部具长于其小穗一倍以上之丝状柔毛；第二颖具 3～5 脉，上部边缘具纤毛，背部无毛，但在有柄小穗中，背部具有长柔毛；第一外稃等长或稍短于颖，披针形，具 1～3 脉，顶端尖，上部边缘具小纤毛；第二外稃披针形，稍短或等长于颖，先端尖头；第二内稃长圆形，长约为其外稃的一半，顶端具纤毛；雄蕊 3；柱头紫黑色，自小穗中部两侧伸出。颖果离生，长圆形。

[分布及生境] 海南岛滨海有分布，生长于滨海空旷沙地、村旁、路边、田边、水沟边，与红毛草、含羞草、虎尾草、饭包草、马缨丹、铺地黍、铁线草、鬼针草、飞机草等混生。

[价值] 性味甘，淡，具有通窍利水、破血通经的功效，主治治跌打损伤、筋骨风痛、妇人闭经、水肿蛊胀；花穗同样可以入药，具有止血功效，主治咯血、呕血、衄血、创伤出血。嫩叶可作为牛马的饲料。秆可编席和造纸，也可制成人造棉。该种是甘蔗属中的一种，具有分蘖力强、高大丛生、抗旱性强等特性，在甘蔗杂交育种中可作为亲本之一。

[参考书目]《中国植物志》,《海南禾草志》,《中国高等植物图鉴》, *Flora of China*,《海南植物物种多样性编目》。

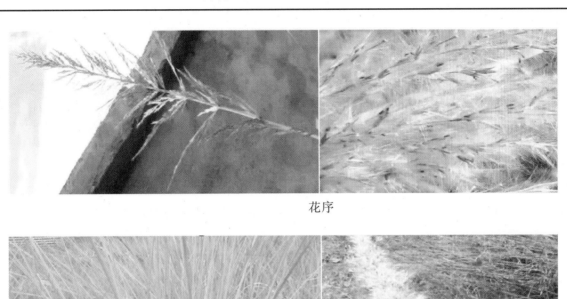

花序

植株　　　　　　　　　　　　　　　花序

生境

# 33 / 虎尾草 (别名：棒锤草、刷子头、盘草)
*Chloris virgata* Sw.

[分类] 禾本科 Poaceae
　　　虎尾草属 *Chloris* Sw.

[形态特征] 一年生草本植物。秆直立或基部膝曲，高 12～75 厘米，光滑无毛。叶鞘背部具脊，包卷松弛，无毛；叶舌长约 1 毫米，无毛或具纤毛；叶片线形，长 3～25 厘米，宽 3～6 毫米，两面无毛或边缘及上面粗糙。穗状花序 5～10 余枚，长约 1.5～5 厘米，指状着生于秆顶，常直立而并拢成毛刷状，有时包藏于顶叶之膨胀叶鞘中，成熟时常带紫色；小穗无柄，长约 3 毫米；颖膜质，具 1 脉；第一颖长约 1.8 毫米，第二颖等长或略短于小穗，中脉延伸成长约 0.5～1 毫米的小尖头；第一小花两性，外稃纸质，两侧压扁，呈倒卵状披针形，长约 2.8～3 毫米，具 3 脉，沿脉及边缘被疏柔毛或无毛，两侧边缘上部 1/3 处有白色柔毛，顶端尖或有时具 2 微齿，芒自背部顶端稍下方伸出，长约 5～15 毫米；内稃膜质，略短于外稃，具 2 脊，脊上被微毛；基盘具长约 0.5 毫米的毛；第二小花不孕，长楔形，仅存外稃，长约 1.5 毫米，顶端截平或略凹，芒约长 4～8 毫米，自背部边缘稍下方伸出。颖果纺锤形，淡黄色，光滑无毛而半透明，胚长约为颖果的 2/3。

[分布及生境] 原产非洲，目前在海南岛滨海有分布，儋州滨海分布比较集中，常生长于滨海村旁、路边、鱼虾塘埂的干旱沙地上，红树林缘也有分布，有时独立成片生长，有时与台湾虎尾草、海马齿、厚藤、滨刀豆、卤蕨及一些莎草科植物等混生。

[价值] 味辛、苦，性微温，具有祛风除湿、解毒杀虫的功效，用于感冒头痛、风湿痹痛、泻痢腹痛、疝气、脚气、痈疮肿毒、刀伤。该种抗逆性强，但不耐涝，家畜喜采食，是一种家畜优质饲草。

[参考书目]《中国植物志》,*Flora of China*,《中国主要植物图说 禾本科》,《中华本草》。

植株　　　　　　　　　　　　　花序

植株　　　　　　　　　　　　　花序

生境

# 34 台湾虎尾草

*Chloris formosana* (Honda) Keng ex B. S. Sun & Z. H. Hu

[分类] 禾本科 Poaceae
　　虎尾草属 *Chloris* Sw.

[形态特征] 一年生草本植物。秆直立或基部伏卧，秆伏于地面的节生根并分枝，秆高约 20~70 厘米，径约 3 毫米，光滑无毛；叶鞘两侧压扁，背部具脊，无毛；叶舌长约 0.5~1 毫米，无毛；叶片线形，长可达 20 厘米，宽可达 7 毫米，两面无毛或在近鞘口处偶有疏柔毛。穗状花序 4~11 枚，长 3~8 厘米，穗轴被微柔毛；小穗长 2.5~3 毫米，含 1 孕性小花及 2 不孕小花；第一颖三角钻形，长 1~2 毫米，具 1 脉，被微毛；第二颖长椭圆状披针形，膜质，长 2~3 毫米，先端常具 2~3 毫米短芒或无芒；第一小花两性，与小穗近等长，倒卵状披针形，外稃纸质，具 3 脉，被稠密白色柔毛，上部之毛甚长而向下渐变短；芒长 4~6 毫米；内稃倒长卵形，透明膜质，先端钝，具 2 脉；第二小花有内稃，长约 1.5 毫米，上缘平钝，具 4 毫米左右的芒；第三小花仅存外稃，偏倒梨形，具长约 2 毫米的芒；不孕小花之间的小穗轴明显可见。颖果纺锤形，长约 2 毫米，胚长约为颖果的 3/4。

[分布及生境] 海南岛全岛滨海，生长于滨海干旱沙地、鱼虾塘埂上，常单独成丛、成片生长，或与盐地鼠尾粟、虎尾草等混生，有时与过江藤、厚藤、海刀豆、磨盘草等混生。

[价值] 可用于防沙固沙，幼嫩时可作为牲畜饲料。

[参考书目]《中国植物志》,《海南植物志》, *Flora of China*,《海南植物物种多样性编目》。

花序

植株

花序

生境

# 35 蒺藜草 （别名：野巴夫草）

*Cenchrus echinatus* L.

[分类] 禾本科 Poaceae

蒺藜草属 *Cenchrus* L.

[形态特征] 一年生草本。秆高 15～50 厘米，秆压扁，一侧具深沟，基部弯曲或横卧地面而于节处生根，下部节间短且常具分枝。叶鞘松弛，压扁具脊，上部叶鞘背部具密细疣毛，近边缘处有密细纤毛，下部边缘多数为宽膜质无纤毛；叶舌短小，具纤毛；叶片线形或狭长披针形，质地柔软，长 5～40 厘米，宽 4～10 厘米，上面粗糙，近基部疏生柔毛或无毛。总状花序直立，长约 4～8 厘米；花序主轴具棱，粗糙；刺苞呈稍扁圆球形，直径 5～7 毫米，刚毛在刺苞上轮状着生，具倒向粗糙，直立或向内反曲，刺苞背部具较密的细毛和长绵毛，刺苞裂片于中部以下连合，边缘被平展较密的白色纤毛，刺苞基部收缩呈楔形，总梗密具短毛；每刺苞内具小穗 2～4 个，稀有 6 个，小穗椭圆状披针形，无柄，顶端较长渐尖，含 2 小花；第一颖三角状披针形，薄膜质，先端尖，具 1 脉；第二颖卵状披针形，具 5 脉；第一小花雄性或中性，第一外稃与小穗等长，具 5 脉，先端尖，其内稃狭长，披针形，长为其第一外稃 2/3，第二小花两性，第二外稃具 5 脉，包卷同质的内稃，先端尖，成熟时质地渐变硬；花药长约 1 毫米；柱头帚刷状，长约 3 毫米。颖果椭圆状扁球形，长约 2～3 毫米，背腹压扁，种脐点状，胚约为果长的 2/3～1/2。

[分布及生境] 原产北美洲热带，已传入许多地区。在海南岛滨海有分布，分布于滨海潮湿空旷沙地、草坡，常与龙爪茅、番杏、匐枝栓果菊、厚藤、牛筋草、铁线草等混生。

[价值] 抽穗前期质地柔软，营养丰富，牛、羊极喜食，是一种优质牧草，但抽穗后因花序具刺苞，牛、羊不再采食，其他动物也难以利用。

[参考书目] 《中国植物志》，《海南植物志》，*Flora of China*，《海南植物物种多样性编目》，《海南禾草志》。

花序　　　　　　　　　　　　　刺苞

植株

生境

# 36 金须茅
*Chrysopogon orientalis* (Desv.) A. Camus

**[分类]** 禾本科 Poaceae
金须茅属 *Chrysopogon* Trin.

**[形态特征]** 多年生草本。具匍匐的根茎，须根较坚韧。秆基部倾斜，高约30～90厘米，无毛或仅紧接花序下部秆上被微毛。叶鞘无毛或被微毛，下部叶鞘长于节间，上部叶鞘短于节间；叶舌膜质，白色，具纤毛；叶片线形，长3～10厘米，宽2～4毫米，近无毛，但边缘和基部疏生疣基长柔毛。圆锥花序长圆形，稍开展，黄褐色，长约5～20厘米；分枝纤细，通常4～9枚轮生于花序主轴之各节上，穗轴节间顶端稍膨大，与无柄小穗的基盘和二有柄小穗的柄愈合，形成长约2毫米的斜面，其上密生长达约4毫米的锈色柔毛；无柄小穗长约6毫米，近圆柱形，基盘密生锈色柔毛，长约3毫米；第一颖革质，具4脉，无芒，第二颖近革质，具明显的1脉，具短纤毛，顶端具长约1～2厘米的直芒；第一外稃线形，稍短于颖，具纤毛，第一内稃缺如；第二外稃顶生膝曲的芒，芒长约4～6厘米，扭转，黄褐色，芒柱粗壮；第二内稃极小或缺；有柄小穗长约6～7毫米，紫褐色，柄被锈色柔毛，下部与无柄小穗的基盘愈合；第一颖顶端具长约1厘米的直芒。

**[分布及生境]** 海南乐东、万宁滨海有分布，生长于空旷的滨海干旱沙地、木麻黄林缘，成片与白茅、香附子、铺地黍、龙爪茅、球柱草、绢毛飘拂草、蛇婆子等抗旱滨海植物混生。

**[价值]** 可作水土保持植物；营养期为良等牧草，家畜喜食。

**[参考书目]** 《中国植物志》,《海南植物志》,*Flora of China*,《海南植物物种多样性编目》,《海南禾草志》。

花序

植株

生境

# 37 // 臭根子草
*Bothriochloa bladhii* (Retz.) S. T. Blake

[分类] 禾本科 Poaceae
　　　孔颖草属 *Bothriochloa* Kuntze

[形态特征] 多年生草本。秆疏丛，直立或基部倾斜，具多节，节被白色短髯毛或无毛，高约 50～100 厘米，一侧有凹沟。叶鞘无毛，上部叶鞘短于节间，下部叶鞘长于节间；叶舌膜质，截平，长 0.5～2 毫米，边缘有长柔毛；叶片线形，长约 10～25 厘米，宽约 1～4 毫米，有的可达 9 毫米宽，先端长渐尖，基部圆形，两面疏生疣毛或下面无毛，边缘粗糙。圆锥花序长约 9～11 厘米，主轴长约 3～5 厘米，每节具 1～3 枚单纯的总状花序；总状花序长约 3～8 厘米，具总梗；总状花序轴节间与小穗柄两侧具丝状纤毛；无柄小穗两性，长圆状披针形，灰绿色或带紫色，基盘具白色髯毛；第一颖背部稍下凹，无毛或中部以下疏生白色柔毛，具 5～7 脉，上部微成 2 脊，脊上具小纤毛；第二颖舟形，与第一颖等长，具 3 脉，上部具纤毛；第一外稃卵形或长圆状披针形，边缘及顶端有时疏生纤毛；第二外稃退化成线形，先端具一膝曲的芒，芒长约 10～16 毫米；有柄小穗较无柄者狭窄，无芒，不育；第一颖具 7～9 脉，无毛；第二颖扁平。

[分布及生境] 海南岛东方、三亚滨海有分布，分布于干旱的滨海草坡、废弃盐田埂上，有的独立成片生长，有的与红毛草、盐地鼠尾粟、小鹿藿、匍枝栓果菊、蛇婆子等混生。

[价值] 营养期叶片较柔软，返青早，适口性良好，家畜喜食，是一种良等牧草。

[参考书目]《中国植物志》,《广州植物志》,《中国主要植物图说 禾本科》,《海南禾草志》, *Flora of China*。

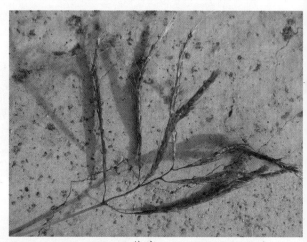
花序

植株

生境

# 38 // 鬣 刺 （别名：腊刺、老鼠芳）

*Spinifex littoreus* (Burm. f.) Merr.

[分类] 禾本科 Gramineae

鬣刺属 *Spinifex* L.

[形态特征] 多年生小灌木状草本。须根长而坚韧。秆粗壮、坚实，表面被白蜡质，平卧地面部分长达数米，向上直立部分高 30～100 厘米，径粗 3～5 毫米。叶鞘宽阔，基部可达 1.4 厘米，无毛或微被毛，边缘具缘毛，常相互复叠；叶舌极短，顶端有长 2～3 毫米的不整齐白色纤毛；叶片线形，质坚而厚，长 5～20 厘米，宽 2～3 毫米，下部对折，上部卷合如针状，常呈弓状弯曲，边缘粗糙，无毛。雄穗轴长 4～9 厘米，生数枚雄小穗，先端延伸于顶生小穗之上而成针状；雄小穗长 9～12 毫米，柄长约 1 毫米，每小穗具 1～2 朵小花；颖草质，广披针形，先端急尖，具 7～9 脉，第一颖长约为小穗的 1/2，第二颖长约为小穗的 2/3；外稃长约 8～10 毫米，具 5 脉；内稃与外稃近等长，具 2 脉；雌穗轴长芒状，长 6～16 厘米，雌小穗单生于雌穗轴基部；颖草质，具 10～13 脉，第一颖略短于小穗；第一外稃具 5 脉，与小穗等长，内稃缺；第二外稃厚纸质，具 5 脉，内稃与外稃近等长。

[分布及生境] 海南岛滨海，万宁、儋州、乐东滨海分布比较集中；成片生长于滨海空旷的干旱沙滩、木麻黄林下，有时与厚藤、黄细心、香附子等混生。

[价值] 多年生草本，须根长而坚韧，秆于地面平卧而广展，能防海浪冲刷，为优良滨海防风固沙植物。

[参考书目] 《海南植物志》,《中国植物志》,《海南禾草志》, *Flora of China*。

雌花序                                雄花序

植株

生境

# 39 大花茅根

*Perotis rara* R. Br. [ Perotis macrantha Honda]

[分类] 禾本科 Poaceae
茅根属 *Perotis* Aiton

[形态特征] 一年生或多年生草本。秆丛生，基部通常倾斜或卧伏，高 15～45 厘米；叶披针形或狭披针形，叶质较硬，长约 1.5～3 厘米，宽约 2～5 毫米，扁平或边缘稍内卷，两面无毛，边缘稍粗糙，近基部边缘常疏生纤毛，基部宽，略呈心形而抱秆；叶舌膜质，极短小，长不及 0.5 毫米；叶鞘无毛，秆上部叶鞘稍短于节间。穗形总状花序直立，长约 5～20 厘米，连芒宽 2～4 厘米，穗轴具纵沟；小穗线形，长约 3～5 毫米(芒除外)，基部具 0.5～1 毫米的尖锐基盘，成熟后向外侧几呈水平开展；颖狭线形，具 1 脉，背部被散生的柔毛，顶端长渐尖且延伸成长 1～2 厘米的细芒；外稃长约 1.5 毫米，具 1 脉，膜质；内稃较狭；花药淡黄色，长约 0.7 毫米。颖果长圆形而向上稍渐狭，红褐色，长约 2.5 毫米。

[分布及生境] 海南岛东方滨海有分布，少见。生长于干旱桉树林缘、草坡，与白鼓钉、蛇婆子、仙人掌、飞机草及一些莎草科植物等混生。

[价值] 生长于沙地，抗逆性强，用于防沙固土；牛羊喜采食，是一种良等牧草。

[参考书目]《中国植物志》,《海南植物志》,《海南禾草志》,《中国高等植物图鉴》,*Flora of China*,《海南植物物种多样性编目》。

植株

花序

生境

# 40 // 海 雀 稗
*Paspalum vaginatum Sw.*

[分类] 禾本科 Poaceae
雀稗属 *Paspalum* L.

[形态特征] 多年生草本植物。具根状茎与长匍匐茎，节间长约4厘米，节上抽出直立的秆，秆高约10～50厘米。叶鞘长约3厘米，具脊，大多长于其节间，并在基部形成跨覆状，鞘口具长柔毛；叶舌长约1毫米；叶片长约5～10厘米，宽约2～5毫米，线形，顶端渐尖，内卷。总状花序大多2枚，长约2～5厘米，对生，少有1枚或3枚，直立，开展后大多反折；穗轴宽约1.5毫米，平滑无毛；小穗卵状披针形或卵状椭圆形，顶端尖；第一颖通常缺，第二颖中脉不明显，近边缘有2侧脉；第一外稃具5脉，中脉存在；第二外稃软骨质，较短于小穗，顶端有白色短毛；花药长约1.2毫米。

[分布及生境] 分布于海南全岛滨海，主要生长于滨海潮湿沙地、江河入海口、湿地，常独立成片生长为优势种群，有时与厚藤、盐地鼠尾粟、双穗雀稗、假马齿苋、海马齿、南方碱蓬等混生。

[价值] 本种为优良牧草，家畜喜采食；海雀稗抗逆性强，根系发达，是一种优良保土植物。

[参考书目] 《中国植物志》，*Flora of China*，《海南禾草志》，《海南植物物种多样性编目》。

花序

植株

生境

# 41 铺地黍 （别名：枯骨草、匍地黍、硬骨草）

*Panicum repens* L.

**[分类]** 禾本科 *Poaceae*

黍属 *Panicum* L.

**[形态特征]** 多年生草本。根茎粗壮发达，具广伸粗壮的根茎；秆直立，坚挺，高 50～100 厘米。叶鞘光滑，边缘被纤毛；叶舌极短，约 0.5 毫米，膜质，顶端具长纤毛，被睫毛；叶片质硬，坚挺，线形，长 5～25 厘米，宽 2.5～5 毫米，干时常内卷，呈锥形，先端渐尖，上表皮粗糙或被毛，下表皮光滑。圆锥花序开展，长 5～20 厘米，分枝斜上，粗糙，具棱槽；小穗长圆形，长约 3 毫米，无毛，顶端尖；第一颖薄膜质，长约为小穗的 1/4，基部包卷小穗，顶端截平或圆钝，脉常不明显；第二颖约与小穗近等长，顶端喙尖，具 7 脉，第一小花雄性，其外稃与第二颖等长；雄蕊 3，其花丝极短，花药长约 1.6 毫米，暗褐色；第二小花结实，长圆形，长约 2 毫米，平滑、光亮，顶端尖；鳞被长约 0.3 毫米，宽约 0.24 毫米，脉不清晰。颖果椭圆形，淡棕色，长约 1.8 毫米，宽约 0.8 毫米。

**[分布及生境]** 原产巴西，海南岛全岛滨海有分布，分布于滨海空旷沙地、水边、村旁、路边、鱼虾塘埂上，有时单独成片生长成优势种群，常与厚藤、滨豇豆、海雀稗、狼尾草、盐地鼠尾粟等混生。

**[价值]** 味甘，性平，以其根状茎入药，具有清热平肝、利湿解毒。主治高血压病、鼻窦炎、鼻出血、湿热带下、尿路感染、肋间神经痛、黄疸型肝炎、骨鲠喉、跌打损伤、毒蛇咬伤、疮疖、外伤出血。该种繁殖力极强，根系发达，可作为高产牧草。

**[参考书目]** 《中国植物志》，《海南植物志》，《海南植物物种多样性编目》，*Flora of China*，《海南禾草志》。

花序        叶鞘   花序

植株

生境

# 42 石 茅 （别名：亚刺伯高粱、琼生草、詹森草）

Sorghum halepense (L.) Pers.［Sorghum miliaceum (Roxb.) Snowden］

**[分类]** 禾本科 Poaceae
蜀黍属（高粱属）Sorghum Moench

**[形态特征]** 多年生草本，根茎发达。秆高可达 3 米，基部径 4～6 毫米，单一或分枝，节上无毛或有平贴髯毛。叶鞘无毛，或基部节上微有柔毛；叶舌硬膜质，在顶端边缘上常有不规则齿缺及少数纤毛；叶片线形至线状披针形，长 20～90 厘米，宽 1～4 厘米，中部最宽，先端渐尖细，中部以下渐狭，鞘口内侧有短柔毛，其余无毛，中脉白色而厚粗，边缘通常具微细小刺齿。圆锥花序长 10～50 厘米，披针形至金字塔形；主轴常粗糙，下部分枝近轮生，分枝细弱，分枝腋间具白色柔毛；一级分枝多次复出，基部裸露，末级分枝为具有 1～5 节的总状花序；穗轴节间易折断，与小穗柄均具柔毛或近无毛；无柄小穗椭圆形或卵状椭圆形，长 3.5～5 毫米，宽 1.7～2.2 毫米，被柔毛，初为乳白色至浅黄色，后变为棕红色，淡紫色至淡黑色；基盘短而钝，被短柔毛；二颖片革质，近等长，被柔毛，成熟时背部无毛，第一颖具 5～7 脉，脉在上部明显，横脉于腹面较清晰，顶端具明显的 3 小齿，第二颖上部具脊，略呈舟形；第一外稃长圆状披针形，被纤毛，透明膜质，稍短于颖；第二外稃透明膜质，被纤毛，顶端有 2 微齿或 2 浅裂，无芒或有芒自；雄蕊 3 枚；花柱 2 枚，仅基部联合，柱头帚状。有柄小穗雄性，披针形，较无柄小穗狭窄，颜色较深，颖片草质，被毛或无毛；无芒。

**[分布及生境]** 原产地中海地区，目前在海南岛滨海有分布，成丛生长于村旁、路边、草坡、灌木林缘的沙石地，常与含羞草、猪菜藤、红毛草、海刀豆等混生。

**[价值]** 一种农田恶性杂草，已列为世界杂草检疫种之一，但石茅也有一定的利用价值，秆叶可做牧草，也可作为造纸原料。

**[参考书目]**《中国植物志》，《海南禾草志》，《海南植物志》，Flora of China，《海南植物物种多样性编目》。

小穗

穗轴分枝腋间柔毛

植株

花序

生境

**43** // **盐地鼠尾粟** （别名：针子草、铁钉草）

*Sporobolus virginicus* (L.) Kunth

[分类] 禾本科 Poaceae

鼠尾粟属 *Sporobolus* R. Br.

[形态特征] 多年生草本。须根较粗壮，具木质、被鳞片的根茎（干时黄色）；秆细，质较硬，直立或基部倾斜，光滑无毛，高 15～60 厘米，基部径 1～2 毫米，上部多分枝，基部节上生根。叶鞘紧裹茎，光滑无毛，仅鞘口处疏生短毛，下部者长于节间，上部者短于节间；叶舌甚短，长约 0.2 毫米，纤毛状；叶片质较硬，新叶和下部叶片扁平，老叶和上部叶片内卷呈针状，长约 3～10 厘米，宽约 1～3 毫米，顶生叶变短小，背面光滑无毛，上面粗糙。圆锥花序紧缩穗状，狭窄成线形，长约 3.5～10 厘米，宽 4～10 毫米，分枝直立且贴生，下部即分出小枝与小穗；小穗灰绿色或变草黄色，披针形，排列较密，长 2～3 毫米，小穗柄稍粗糙，贴生；颖质薄，光滑无毛，先端尖，具 1 脉，第一颖长约 2.5 毫米，第二颖长 2～2.5 毫米；外稃宽披针形，稍短于第二颖，先端钝，具 1 明显中脉及 2 不明显的侧脉；内稃与外稃等长，具 2 脉；雄蕊 3，花药黄色，长 1～1.5 毫米。

[分布及生境] 海南全岛滨海有分布，生长于空旷海滩沙地、废弃盐田边、滨海鱼虾塘埂上，常独立成片生长成优势种群，有时与厚藤、盐角草、补血草、阔苞菊等混生。

[价值] 根茎木质，发达，蔓延非常迅速，可用作海边或沙滩的防沙固土植物。家畜采食，是一种中等禾本科牧草。

[参考书目]《中国植物志》,《中国高等植物图鉴》,《海南禾草志》,《海南植物志》, *Flora of China* 《海南植物物种多样性编目》。

花序

植株

生境

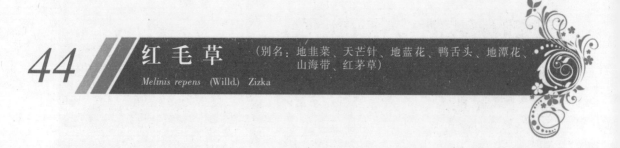

**44** // 红毛草 （别名：地韭菜、天芒针、地蓝花、鸭舌头、地潭花、山海带、红茅草）

*Melinis repens* (Willd.) Zizka

[分类] 禾本科 Poaceae
糖蜜草属 *Melinis* P. Beauv.

[形态特征] 红毛草为多年生草本。秆直立，常分枝，高可达1米，节间常具疣毛，节具软毛。叶鞘松弛，常短于节间，叶鞘下部散生疣毛；叶舌为长约1毫米的柔毛组成；叶片线形，长可达20厘米，宽2～5毫米。圆锥花序开展，长约10～15厘米，分枝纤细，长可达8厘米；小穗长约5毫米，常被粉红色绢毛，小穗柄纤细弯曲，顶端稍膨大，疏生长柔毛；第一颖小，长约为小穗的1/5，长圆形，被粉红色柔毛；第二颖等长与小穗，被疣基长绢毛，革质，帽状，上部延伸成喙，顶端微裂，裂片间生约1毫米的细短芒；第一小花雄性，其外稃与第二颖等长，同质、同形，但稍狭，内稃膜质，具2脊，脊上有睫毛；第二外稃近软骨质，平滑光亮，内外稃近等长，稍宽，具2脊；鳞被2；雄蕊3枚；花丝极短，花药长约2毫米；花柱分离，柱头羽毛状。

[分布及生境] 原产南非，20世纪50年代作为牧草引种，后逃逸为野生，已成为归化种。海南滨海有分布，生长于滨海草坡、村旁、路边、鱼虾塘埂、废弃盐田埂上，与臭根子草、盐地鼠尾粟、蛇婆子、匍枝栓果菊等混生。

[价值] 牛羊喜食，是一种良等牧草；从叶到花整株都具有观赏价值，亦是一种良好的观赏草。

[参考书目]《中国植物志》《海南植物物种多样性编目》《海南禾草志》，*Flora of China*。

植株

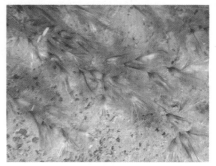

花序

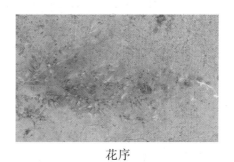

花序

生境

# 45 细 穗 草

*Lepturus repens* (G. Forst.) R. Br.

[分类] 禾本科 Poaceae
细穗草属 *Lepturus* R. Br.

[形态特征] 多年生草本。匍匐茎长，秆丛生，坚硬，高约 20～40 厘米，具分枝，基部各节常生根成匍茎状。叶鞘无毛，因其内具分枝而松弛；叶舌长约 0.3～0.8 毫米，纸质，上端截形且具纤毛；叶片质硬，线形，无毛或上面近基部具柔毛，叶片通常内卷，长约 3～20 厘米，宽 2.5～5 毫米，先端呈锥状，边缘呈小刺状粗糙。穗状花序直立，长 5～10 厘米，径约 1.5 毫米，穗轴节间长 3～5 毫米；小穗含 2 小花，长约 12 毫米，常超过穗轴节间 1 倍；第二小花退化仅剩一短小的外稃，小穗覆瓦状排列于穗轴两侧，颖尖成一直线；第一颖向轴而生，三角形，薄膜质，长约 0.8 毫米，第二颖革质，披针形，先端渐尖或锥状锐尖，上部具膜质边缘且内卷，长约 6～12 毫米，多少反曲；第一小花外稃长约 4 毫米，宽披针形，具 3 脉，两侧脉近边缘，先端尖，基部具微细毛；内稃长椭圆形，几与外稃等长；鳞被 2，颖形，花药长约 2 毫米。颖果长约 1.6～2 毫米，椭圆形，胚长为颖果的 1/2。

[分布及生境] 海南岛全岛滨海有分布，生长于滨海潮间带沙地或礁石上，常独立成片生长，有时与厚藤、匍枝栓果菊、盐地鼠尾粟等滨海植物混生。

[价值] 根系发达，有较强的地表覆盖能力，可作为滩涂改造的先锋草种。牛采食，是一种具有中等饲用价值的牧草。

[参考书目]《中国植物志》，*Flora of China*，《中国植物物种多样性编目》，《海南禾草志》。

花序轴                    叶鞘

植株

生境

# ◇葫芦科

## 46 // 红 瓜 （别名：金瓜、老鸦菜、山黄瓜）

*Coccinia grandis* (L.) Voigt

[分类] 葫芦科 Cucurbitaceae
红瓜属 *Coccinia* Wight & Arn.

[形态特征] 攀缘草本植物。茎纤细，稍带木质，多分枝，有棱角，光滑无毛。叶柄细，有纵条纹，长 2～5 厘米；叶片阔心形，长、宽均 5～10 厘米，常有 5 个角或稀近 5 中裂，两面均布有颗粒状小凸点，先端钝圆，基部有数个腺体。卷须纤细，无毛不分歧。雌雄异株；雌花、雄花均为单生；雄花花梗细弱，长 2～4 厘米，光滑无毛；花萼筒宽钟形，裂片线状披针形，长约 3 毫米，花冠白色或稍带黄色，5 中裂，裂片卵形，外面无毛，内面有柔毛，雄蕊 3，花药近球形；雌花梗纤细，长 1～3 毫米；退化雄蕊 3，近钻形，子房纺锤形，花柱纤细，无毛，柱头 3。浆果纺锤形或近圆矩形，径 2～3 厘米，成熟时深红色。种子黄色，长圆形，两面密布小疣点，顶端圆。

[分布及生境] 原产于东南亚和印度，海南全岛滨海常见，主要生长于滨海村旁、路边、草坡，鱼虾塘埂上偶见，与一些攀缘植物如落葵、五爪金龙等攀缘于滨海灌木丛、围墙、篱栏上，有一些铺洒于空旷草坡与厚藤、过江藤及一些禾本科植物等混生。

[价值] 嫩茎叶可作蔬菜，可炒食或做汤，也可与其他野菜混合做成杂菜汤；红瓜新鲜叶汁可退烧，解渴，解毒；根可退烧；果实可治糖尿病，未成熟的果实可降低动物血糖的含量。

[参考书目]《海南植物志》,《中国植物志》,《中国高等植物图鉴》, *Flora of China*,《海南植物物种多样性编目》。

叶

茎

花

果

卷须

生境

**47 凤 瓜** （别名：凤瓜、糙叶金瓜）

*Gymnopetalum scabrum* (Lour.) W. J. de Wilde & Duyfjes

[**分类**] 葫芦科 Cucurbitaceae
金瓜属 *Gymnopetalum* Arn.

[**形态特征**] 一年草质藤本。茎、枝纤细，有沟纹
及长柔毛。单叶互生，叶柄长约 1.5～3 厘米，
密被黄褐色长柔毛；叶片厚纸质或薄革质，肾
形或卵状心形，长、宽均约为 3～8 厘米，不
分裂或波状 3～5 浅裂，裂片三角形，先端钝，
边缘有显著的三角形锯齿；基部心形，有时基
部向后靠合，呈弯缺半圆形，叶片两面粗糙，
腹面被短刚毛，有白色斑点，深绿色，背面淡
绿色，被短刚毛和黄褐色的长柔毛；叶脉叉指
状。卷须纤细，被长柔毛，单一或 2 歧。花单
性，雌雄同株。雄花：单生或总状花序，密被
黄褐色的长柔毛，每朵花基部具 1 叶状苞片，
苞片撕裂；花萼筒状，顶部渐渐扩大，裂片披
线形，具渐尖头；花冠裂片倒卵形，白色，具
3～5 脉；雄蕊 3。雌花：单生，花梗密生黄褐
色长柔毛，其花萼和花冠与雄花一样，子房长
卵球形，被褐色长柔毛。果实近球形，初时绿
色，成熟后桔黄色至红色，径约 2～3 厘米，
外面光滑，无纵肋。种子长圆形，压扁，两面
光滑，两端稍钝。

[**分布及生境**] 海南陵水、文昌、三亚、儋州等地
滨海有分布，生长于木麻黄林缘的沙地、草
坡，与厚藤、鬣刺、龙珠果、大花蒺藜、长管
糙叶丰花草、黄细心等混生。

[**价值**] 全草熏蒸，治关节炎。

[**参考书目**] 《中国植物志》,《中国高等植物图鉴》,
《海南浆纸林林下植物彩色图鉴》,《海南植物
志》,*Flora of China*,《海南植物物种多样性编
目》,《黎族药志》。

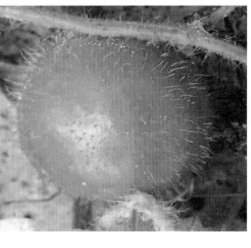

植株

生境

# 48 马㼎儿 （别名：野梢瓜、广东白籔）
*Zehneria indica* (Lour.) Keraudren

**[分类]** 葫芦科 Cucurbitaceae
马㼎儿属 *Zehneria* Endl.

**[形态特征]** 马㼎儿为攀援或平卧草本。茎、枝纤细，疏散，有棱沟，无毛。卷须不分枝，丝状。叶柄细，长约2.5~3.5厘米，初时有长柔毛，最后变无毛；叶片膜质，三角状卵形、卵状心形或戟形，不分裂或3~5浅裂，长约3~5厘米，宽约2~4厘米，上面深绿色，粗糙，脉上有极短的柔毛，背面淡绿色，无毛；叶片顶端急尖，稀短渐尖，基部弯缺半圆形，边缘微波状或有疏齿，脉掌状。雌雄同株，雄花：单生或稀2~3朵生于短的总状花序上；花序梗纤细，极短，无毛；花梗丝状，无毛；花萼宽钟形，基部急尖或稍钝；花冠淡黄色，有极短的柔毛，裂片长圆形或卵状长圆形；雄蕊3枚，生于花萼筒基部，花丝短，花药卵状长圆形或长圆形，有毛。雌花：在与雄花同一叶腋内单生或稀双生；花梗丝状，无毛，较长，花冠阔钟形，裂片披针形，先端稍钝；子房狭卵形，有疣状凸起，花柱短，柱头3裂，退化雄蕊腺体状。果梗纤细，无毛，长约2~3厘米；果实长圆形或狭卵形，两端钝，外面无毛，长约1~1.5厘米，宽0.5~1厘米，成熟后橘红色或红色。种子灰白色，卵形，基部稍变狭，边缘不明显。

**[分布及生境]** 海南岛滨海有零星分布，少见，生长于滨海路边、草坡或木麻黄林下的空旷沙地，有时单独成片匍匐生长，有时与龙爪茅、苦蘵等混生。

**[价值]** 全草入药，味甘、苦，性凉，具有清热解毒、利尿消肿、除痰散结的功效，用于咽喉肿痛、目赤、疮疡肿毒、瘰疬、子痈、湿疹、瘰疬、烧伤、烫伤、皮肤瘙痒、疮疡肿毒。

**[参考书目]** 《中国植物志》，*Flora of China*，《海南植物物种多样性编目》。

雌花

果

雌花

植株

生境

◇*蒺藜科*

## 49 // 大花蒺藜
*Tribulus cistoides* L.

[分类] 蒺藜科 Zygophyllaceae
蒺藜属 *Tribulus* L.

[形态特征] 多年生草本。根粗壮。茎自基部分枝，分枝平卧地上或上升，长 30～60 厘米，密被柔毛；老枝具节，节间具纵沟槽。托叶对生，长 2.5～6 毫米，狭披针形或近镰刀状，被白色长柔毛；叶为偶数羽状复叶，对生，不等大，长 3～5 厘米，具小叶 4～7 对；小叶纸质，近无柄，长圆形或倒卵状长圆形，长 5～15 毫米，宽 2.5～7 毫米，先端钝圆或锐尖，基部偏斜，全缘，叶面绿色，背面淡绿色，表面疏被柔毛，背面密被长柔毛。花黄色，单生于叶腋，直径约 3 厘米，花梗与叶近等长，密被长柔毛；萼片 5，披针形，长约 8 毫米，外面被长柔毛；花瓣 5，倒卵状长矩圆形，长约 2 厘米，先端钝圆形；雄蕊 10，花药长圆形；子房密被淡黄色长硬毛，花柱粗壮。果直径约 1 厘米，分果瓣长 8～12 毫米，有小瘤体和锐刺 2～4 枚。

[分布及生境] 海南陵水滨海，生长分布于高潮线附近的空旷沙地，有时独立成片生长成群落，有时与厚藤、滨刀豆、黄细心、香附子等混生。

[价值] 果实入药，味苦、辛，性温，具有清肝明目、解毒疗疮的功效，用于肝火上炎所致目赤肿痛、巅顶头痛、皮肤疮疖痈肿、红肿热痛等。

[参考书目]《中国植物志》,《海南植物志》, *Flora of China*,《海南植物物种多样性编目》。

托叶 花 果

植株

生境

# 50 蒺 藜

*Tribulus terrestris* L.

（别名：白蒺藜、名茨、旁通、屈人、止行、休羽、升推、刺蒺藜、硬蒺藜）

[分类] 蒺藜科 Zygophyllaceae

蒺藜属 *Tribulus* L.

[形态特征] 一年生草本。茎通常由基部分枝，平卧地面，长可达 1 米左右；全株被绢丝状柔毛。托叶披针形，形小而尖，长约 3 毫米；叶为偶数羽状复叶，对生，一长一短；长叶通常具 6～8 对小叶；短叶具 3～5 对小叶；小叶对生，长圆形，长 4～15 毫米，先端尖或钝，表面无毛或仅沿中脉有丝状毛，背面被以白色伏生的丝状毛。花淡黄色，小型，整齐，单生于短叶的叶腋；花梗长 4～10 毫米，有时达 20 毫米；萼 5 枚，卵状披针形，渐尖，长约 4 毫米，背面有毛，宿存；花瓣 5 枚，倒卵形，先端略呈截形，与萼片互生；雄蕊 10，着生与花盘基部，基部有鳞片状腺体；子房 5 心皮。果实为离果，五角形或球形，由 5 个呈星状排列的果瓣组成，每个果瓣具长短棘刺各 1 对，即中部边缘有锐刺 1 对，下部常有小锐刺 1 对，其余部位常有小瘤体。

[分布及生境] 海南岛昌江滨海有分布，少见，生长于昌化江入海口的空旷沙地，与厚藤、黄花草、滨刀豆、香附子、地杨桃、铺地黍、匐枝栓果菊等混生。

[价值] 味辛、苦，性微温，有小毒，具有平肝解郁、活血祛风、明目、止痒的功效，用于头痛眩晕、胸胁胀痛、乳闭乳痈、目赤翳障、风疹瘙痒；全草或果实在印度用作利尿剂。青鲜时可做饲料，但果刺易粘附家畜毛间，有损皮毛质量。

[参考书目] 《中国植物志》，《海南植物志》，*Flora of China*，《海南植物物种多样性编目》，《中国药典》。

花　　　　　　　　　　　果

托叶　　　　　　　　　　叶、果

生境

## ◇夹竹桃科

**51** // 白长春花 （别名：日日春、日日新、日春花、四时春、五瓣梅）

*Catharanthus roseus var. albus* G. Don

[分类] 夹竹桃科 Apocynaceae
  长春花属 Catharanthus G. Don

[形态特征] 半灌木，茎直立，多分枝。叶对生，长椭圆状，叶柄短，全缘，两面光滑无毛，主脉白色明显。聚伞花序顶生，花白色，花冠高脚蝶状，5裂，花朵中心有深色洞眼；蓇葖果2～3个，直立，圆柱形，顶端尖。

[分布及生境] 海南滨海，主要分布于滨海空旷沙地、木麻黄林缘、路旁、草坡，有时与长春花、链荚豆、马唐、牛筋草、龙爪茅、无茎粟米草、厚藤等混生。

[价值] 具有清热解毒、清肝、降火、镇静安神、凉血、抗癌、降血压的功效；用于治疗急性淋巴细胞性白血病、何杰金氏病、淋巴肉瘤、肺癌、绒毛膜上皮癌、子宫癌、巨滤泡性淋巴瘤、高血压、烫伤等。

[参考书目]《中国植物志》，《海南植物志》，《海南植物物种多样性编目》，*Flora of China*。

花

蓇葖果

植株

生境

# 52 长春花 (别名：雁来红、日日草、日日新、三万花)
*Catharanthus roseus* (L.) G. Don

[分类] 夹竹桃科 Apocynaceae
长春花属 *Catharanthus* G. Don

[形态特征] 半灌木。茎略有分枝，高达60厘米，全株无毛或仅有微毛，茎近方形，有条纹，灰绿色，节间长1～3.5厘米。叶膜质，倒卵状长圆形，长3～4厘米，宽1.5～2.5厘米，先端浑圆，有短尖头，基部广楔形至楔形，渐狭而成叶柄；叶脉在叶面扁平，在叶背略隆起，侧脉约8对。聚伞花序腋生或顶生，有花2～3朵；花萼5深裂，内面无腺体或腺体不明显，萼片披针形或钻状渐尖，长约3毫米；花冠红色，高脚碟状，花冠筒圆筒状，长约2.6厘米，内面具疏柔毛，喉部紧缩，具刚毛；花冠裂片宽倒卵形，长、宽约1.5厘米；雄蕊着生于花冠筒的上半部，但花药隐藏于花喉之内，与柱头离生；子房和花盘与属的特征相同。蓇葖双生，直立，平行或略叉开，长约2.5厘米，直径3毫米；外果皮厚纸质，有条纹，被柔毛。种子黑色，长圆状圆筒形，两端截形，具有颗粒状小瘤。

[分布及生境] 海南滨海，主要分布于滨海空旷沙地、木麻黄林缘、路旁、草坡，有时与白长春花、链荚豆、绒马唐、牛筋草、龙爪茅、无茎粟米草、厚藤、马缨丹、宽叶十万错、飞机草等混生。

[价值] 含长春花碱，有镇静安神、平肝降压的功效；用于治白血病、淋巴肿瘤、肺癌、绒毛膜上皮癌、子宫癌、高血压等，是一种防治癌症的天然良药。

[参考书目]《中国植物志》，《海南植物志》，《海南植物物种多样性编目》，*Flora of China*。

花　　　　　　　　　　　　　蓇葖果

植株

生境

◇锦葵科

**53** 泡果苘

*Herissantia crispa* (L.) Brizicky

[分类] 锦葵科 Malvaceae
泡果苘属 *Herissantia* Medik.

[形态特征] 一年生或多年生草本。茎直立或披散，高可达 1.5 米；枝被白色长毛和星状细柔毛。叶基部心形，长 2～7 厘米，宽 2～7 厘米，先端渐尖，边缘具圆锯齿，两面均被星状长柔毛；叶柄长 0.2～5 厘米，被星状长柔毛；托叶线形，长 3～7 毫米，被柔毛。花黄色，花梗丝形，长 2～4 厘米，被长柔毛，近端处具节，在关节处膝曲；花萼碟状，长 4～5 毫米，外面被长柔毛，裂片 5，卵形，先端渐尖头；花冠直径约 1 厘米，花瓣倒卵形，长 6～10 毫米。分果球形或扁球形，膨胀呈灯笼状，疏被长柔毛，直径 0.9～1.3 厘米；分果瓣 8～15，成熟时，室背开裂，果瓣脱落，宿存花托长约 2 毫米。种子肾形，黑色。

[分布及生境] 原产南美，目前在海南岛滨海有分布，生长于滨海村旁、路边、草坡、灌木林缘，有时与长春花、磨盘草、黄花稔、厚藤、假马鞭草、土牛膝、小心叶薯、毛牵牛、赛葵等混生。

[价值] 目前未查阅到该种应用方面的研究报道。

[参考书目] 《中国植物志》，《海南植物志》，*Flora of China*，《海南植物物种多样性编目》。

花　　　　　　　　果

枝　　　　　　　　　　　　托叶

生境

# 54 // 磨 盘 草

（别名：金花草、磨挡草、耳响草、磨子树、磨谷子、磨龙子、石磨子、磨盆草、印度苘麻、白麻）

*Abutilon indicum* (L.) Sweet

[分类] 锦葵科 Malvaceae
苘麻属 *Abutilon* Mill.

[形态特征] 一年生或多年生亚灌木状草本植物，高达 1～2.5 米。多分枝，全株均被灰色短柔毛。叶互生，具长柄，被灰色短柔毛和疏丝状长毛；托叶钻形，外弯；叶圆卵形至近圆形，长 3～9 厘米，宽 2～7 厘米，先端短尖或渐尖，基部心形，叶缘有不规则的锯齿，两面皆被灰色星状柔毛。花单生于叶腋，黄色，花瓣5，直径 2～2.5 厘米，花梗长达 4 厘米，近顶端有节；花萼盘状，5 深裂，绿色，密被灰色小柔毛，裂片阔卵形，先端短尖；雄蕊多数，花丝基部连成短筒；子房上位，心皮 15～20，轮状排列。果圆形似磨盘，直径约 1.5 厘米，黑色，分果爿 15～20，先端截形，具短芒，被星状长硬毛。种子肾形，被星状疏柔毛。

[分布及生境] 海南岛滨海有分布，常见，生长于滨海荒地、鱼虾塘埂上、路旁、红树林林缘；常与禾本科植物、莎草科植物、旋花科植物、豆科植物，以及飞机草等混生。

[价值] 本种皮层纤维可为麻类的代用品，供织麻布、搓绳索和加工成人造棉供织物和填充料；全草药用，具有疏风清热、益气通窍、祛痰利尿的功效，用于感冒、久热不退、流行性腮腺炎、耳鸣、耳聋、肺结核、小便不利。

[参考书目]《全国中草药汇编》,《中国植物志》,《海南植物志》,《中华本草》,《海南植物物种多样性编目》,*Flora of China*。

果

分果爿

花

植株

生境

# ◇景天科

## 55 落地生根 （别名：不死鸟、打不死）

*Bryophyllum pinnatum* （Lam.）Oken

**[分类]** 景天科 Crassulaceae

落地生根属 *Bryophyllum* Salisb.

**[形态特征]** 多年生草本，株高约 40～150 厘米。茎单生，有分枝，褐色。羽状复叶，长约 10～30 厘米，小叶长圆形至椭圆形，肉质，长 6～8 厘米，宽 3～5 厘米，先端钝，边缘有圆齿，圆齿底部容易生芽，芽长大后落地即成一新植物；小叶柄长 2～4 厘米。圆锥花序顶生，长约 10～40 厘米；花下垂，花萼圆柱形，长约 2～4 厘米；花冠高脚碟形，长达 5 厘米，基部稍膨大，向上成管状，裂片 4，卵状披针形，淡红色或紫红色；雄蕊 8，着生花冠基部，花丝长；鳞片近长方形。蓇葖包在花萼及花冠内。种子小，有条纹。

**[分布及生境]** 原产非洲，目前海南琼海、东方滨海有零星分布，有的生长于潮湿的椰林旁与绒马唐、地杨桃、饭包草等混生，有的生长于滨海灌木林如海榄雌、许树边缘，常与一些禾本科植物及仙人掌等混生。

**[价值]** 味苦、酸，性寒，具有凉血止血、清热解毒的功效，可解毒消肿，活血止痛，拔毒生肌，用于外伤出血、跌打损伤、疔疮痈肿、乳痈、乳痛、乳岩、丹毒、溃疡、烫伤、胃痛、关节痛、咽喉肿痛、肺热咳嗽。叶片肥厚多汁，边缘长出整齐美观的不定芽，可用于盆栽作为窗台、书房和客室绿化的好材料，也可用于庭院栽培，作为绿化植物。

**[参考书目]**《中国植物志》,《海南植物志》, *Flora of China*,《海南植物物种多样性编目》。

花序　　　　　　　　　　　　　　　　花

植株

生境

# ◇菊科

## 56 // 夜香牛

(别名：寄色草、假咸虾花、消山虎、伤寒草、染色草、缩盖斑鸠菊、拐棍参)

*Vernonia cinerea* (L.) Less.

[分类] 菊科 *Asteraceae*
斑鸠菊属 *Vernonia* Schreb.

[形态特征] 一年生或多年生草本，高 20～100 厘米。茎直立，柔弱，少分枝，通常上部分枝，或稀自基部分枝而呈铺散状，具条纹，被灰色贴生短柔毛，具腺。叶互生，下部和中部叶具柄，菱状卵形，菱状长圆形或卵形，长 2～6.5 厘米，宽 1～3 厘米，顶端尖或稍钝，基部楔状狭成具翅的柄，边缘有具小尖的疏锯齿，或波状，侧脉 3～4 对，上面绿色，被疏短毛，下面沿脉被灰白色或淡黄色短柔毛，两面均有腺点；上部叶渐尖，狭长圆状披针形或线形，具短柄或近无柄；叶柄长 10～20 毫米。头状花序多数，稀少数，径 6～8 毫米，具 19～23 朵花，在茎枝端排列成伞房状圆锥花序；花序梗细长 5～15 毫米，具线形小苞片或无苞片，被密短柔毛；总苞钟状，总苞片 4 层，绿色或有时变紫色，背面被短柔毛和腺；花托平；花淡红紫色，花冠管状，长 5～6 毫米被疏短微毛，具腺，上部稍扩大，裂片线状披针形，顶端外面被短微毛及腺。瘦果圆柱形，长约 2 毫米，顶端截形，基部缩小，被密短毛和腺点；冠毛白色，2 层，外层多数而短，内层糙毛状，近等长，长约 4～5 毫米。

[分布及生境] 海南滨海有零星分布，分布于滨海村旁、路边、草坡、空旷沙地；常与铺地黍、狗牙根、珠子草、丰花草、鬼针草等植物混生。

[价值] 全草入药，味苦、微甘，性凉，有疏风散热、凉血解毒、消积化滞的功效，用于治感冒发热、神经衰弱、失眠、痢疾、跌打扭伤、蛇伤、乳腺炎、疮疖肿毒等症。

[参考书目]《中国民族药志要》,《中国植物志》,《海南植物志》, *Flora of China*。

花序 茎、叶

植株

生境

# 57 飞机草

（别名：香泽兰、解放草、马鹿草、破坏草、黑头草、大泽兰）

*Chromolaena odorata* (L.) R. M. King & H. Rob.

[分类] 菊科 Asteraceae

　　飞机草属 *Chromolaena* DC.

[形态特征] 多年生粗壮草本，高1～3米。茎直立，苍白色，有细条纹；分枝粗壮，分枝与主茎成直角射出，常对生，全部茎枝被稠密黄色茸毛或短柔毛，节间长6～14厘米。单叶对生，叶柄长1～2厘米，叶片三角形、卵形或三角状卵形，长4～10厘米，宽1.5～5.5厘米，顶端急尖，基部宽楔形、平截或浅心形，边缘有粗大且钝的锯齿，两面粗涩，被长柔毛及红棕色腺点，下面及沿脉的毛和腺点稠密，基出3脉，侧面纤细，于叶背面稍突起。头状花序生于分枝顶端和茎顶端，排成伞房花序或复伞房花序，花粉红色或白色，均为管状花；花序梗粗壮，密被稠密的短柔毛；总苞圆柱状，长约1厘米，紧抱小花；总苞片3～4层，覆瓦状排列，外层苞片卵形，外面被短柔毛，全部苞片有三条宽中脉，麦秆黄色，无腺点。瘦果黑褐色，长4毫米，5棱，沿棱有稀疏的白色贴紧的顺向短柔毛，无腺点。

[分布及生境] 原产美洲，第二次世界大战期间曾作为一种香料植物被引入海南，很快成为优势种群。在海南全岛滨海有分布，分布于滨海干旱荒地形成优势种群，种群内少量生长着磨盘草、厚藤、马缨丹、阔苞菊、绒马唐等。

[价值] 具有散瘀消肿、解毒、止血、杀虫、抑菌的功效，用于跌打肿痛、疮疡肿毒、稻田性皮炎、外伤出血、旱蚂蝗咬后流血不止。

[危害] 飞机草可危害多种作物，侵犯牧场，当其长到15厘米或更高时，会明显侵蚀土著物种，还能发放出化感物质，有较强的异株克生作用，可抑制邻近植物生长，还能使昆虫拒食；其叶有毒，含香豆类素（Coumarins）的有毒活性化合物；用叶擦皮肤可引起红肿、起泡，误食嫩叶会引起头晕、呕吐，还可引起家畜、家禽和鱼类中毒；飞机草还是叶斑病原（*Cercospora* sp.）的中间寄主。

[参考书目] 《中国植物志》，*Flora of China*，《海南植物物种多样性编目》。

植株

花序

生境

# 58 小蓬草 （别名：加拿大蓬、飞蓬、小飞蓬）

*Erigeron canadensis* L.

**[分类]** 菊科 Asteraceae

飞蓬属 *Erigeron* L.

**[形态特征]** 一年生草本。茎直立，高可达 100 厘米或更高，圆柱状，多少具棱，有条纹，被疏长硬毛，上部多分枝。叶密集，基部叶花期常枯萎，下部叶倒披针形，长 6～10 厘米，宽 1～1.5 厘米，顶端尖或渐尖，基部渐狭成柄，边缘具疏锯齿或全缘，中部和上部叶较小，线状披针形或线形，近无柄或无柄，全缘或少有具 1～2 个齿，两面或仅上面被疏短毛边缘常被上弯的硬缘毛。头状花序多数，小，排列成顶生多分枝的大圆锥花序；花序梗细；总苞近圆柱状，总苞片 2～3 层，淡绿色，线状披针形或线形，顶端渐尖，外层背面被疏毛，内层，边缘干膜质，无毛；花托平，具不明显的突起；头状花序外围花雌性，多数，舌状，白色或紫色，舌片小，稍超出花盘，线形，顶端具 2 个钝小齿；两性花淡黄色，花冠管状，上端具 4 或 5 个齿裂，稀有 3 齿裂，管部上部被疏微毛。瘦果线状披针形，稍扁平，淡褐色，被贴微毛；冠毛刚毛状，污白色，1 层。

**[分布及生境]** 海南岛全岛滨海，常见，主要生长于滨海村旁、路边的空旷沙地、草坡，与飞机草、厚藤、饭包草、土牛膝、铺地黍、冰糖草、黄花稔等植物混生。

**[价值]** 该种全草入药，味微苦、辛，性凉，具有清热利湿、散瘀消肿的功效，用于血尿、水肿、小儿头疮、痢疾、肠炎、肝炎、胆囊炎跌打损伤、风湿骨痛、疮疖肿痛、外伤出血牛皮癣；据国外文献记载，北美洲用作治痢疾、腹泻、创伤以及驱蛲虫；中部欧洲，常用新鲜的植株作止血药，但其液汁和捣碎的叶有刺激皮肤的作用；嫩茎、叶可作猪饲料。

**[参考书目]** *Flora of China*,《海南植物物种多样性编目》,《中国植物志》。

花序 瘦果

植株

生境

# 59 // 白花鬼针草 （别名：金盏银盘、金杯银盏、盲肠草）

*Bidens pilosa var. radiata* (Sch. Bip.) J. A. Schmidt

[分类] 菊科 Asteraceae

鬼针草属 *Bidens* L.

[形态特征] 一年生草本植物，是鬼针草（*Bidens pilosa* L.）的变种。茎直立，高 30～100 厘米，有分枝，钝四棱形，无毛或上部被极稀疏的柔毛，基部直径可达 6 毫米。茎下部叶较小，3 裂或不分裂，通常在开花前枯萎，中部叶具长 1.5～5 厘米的柄，小叶三出，很少为具 5～7 小叶的羽状复叶；顶生小叶较大，长椭圆形或卵状长圆形，先端渐尖，基部渐狭或近圆形，具长 1～2 厘米的柄，边缘有锯齿，无毛或被极稀疏的短柔毛；两侧小叶椭圆形或卵状椭圆形，先端锐尖，基部近圆形或阔楔形，有时偏斜，不对称，具短柄，边缘有锯齿；上部叶小，3 裂或不分裂，条状披针形。头状花序直径 8～9 毫米，有长达 1～10 厘米的花序梗，总苞基部被短柔毛，苞片 7～8 枚，条状匙形，上部稍宽，头状花序边缘具舌状花 5～7 枚，舌片椭圆状倒卵形，白色，长 5～8 毫米，宽 3.5～5 毫米，先端钝或有缺刻。瘦果黑色，条形，略扁，具棱，长 7～13 毫米，宽约 1 毫米，上部具稀疏瘤状突起及刚毛，顶端芒刺 3～4 枚，具倒刺毛。

[分布及生境] 海南全岛滨海，主要生长于滨海村旁、路边草坡，与厚藤、过江藤、阔苞菊、狗牙根、虎尾草、狗尾草等混生。

[价值] 全草入药，味甘、微苦，性平，具有清热解毒、利湿退黄的功效，用于感冒发热、风湿痹痛、湿热黄疸、痈肿疮疖。

[参考书目] 《中国植物志》,《中华本草》, *Flora of China*,《海南植物物种多样性编目》。

花　　　　　　　　茎、叶　　　　　　　　瘦果

植株

生境

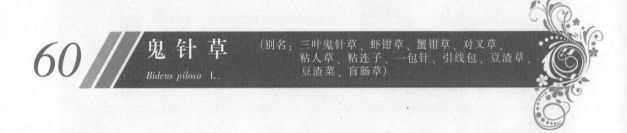

**60 鬼针草**
*Bidens pilosa* L.

（别名：三叶鬼针草、虾钳草、蟹钳草、对叉草、粘人草、粘连子、一包针、引线包、豆渣草、豆渣菜、盲肠草）

[分类] 菊科 Asteraceae
　　　鬼针草属 *Bidens* L.

[形态特征] 一年生草本植物。茎直立，高约30～100厘米，钝四棱形，无毛或上部被极稀疏的柔毛。茎下部叶片较小，3裂或不分裂，通常在开花前枯萎；中部叶三出，小叶3枚，具无翅的柄，稀有5～7小叶的羽状复叶，两侧小叶椭圆形或卵状椭圆形，长约2～4.5厘米，宽约1.5～2.5厘米，先端锐尖，基部近圆形或阔楔形，有时偏斜，不对称，具短柄，边缘有锯齿，顶生小叶较大，长椭圆形或卵状长圆形，长约3.5～7厘米，先端渐尖，基部渐狭或近圆形，有长约1～2厘米的柄，边缘有锯齿，无毛或被极稀疏的短柔毛；上部叶小，3裂或不分裂，条状披针形。头状花序直径约8～9毫米，有长1～10厘米的花序梗；总苞基部被短柔毛，苞片7～8枚，条状匙形，上部稍宽，草质，边缘疏被短柔毛或几无毛；外层托片披针形，干膜质，背面褐色，具黄色边缘，内层较狭，条状披针形；无舌状花，盘花筒状，冠檐5齿裂。瘦果黑色，条形，略扁，具棱，长约7～13毫米，上部具稀疏瘤状突起及刚毛，顶端具芒刺3～4枚，长1.5～2.5毫米，具倒刺毛。

[分布及生境] 海南滨海有分布，生长于村旁、路边的空旷沙地、草坡，与白花鬼针草、香附子、铺地黍、绒马唐、地桃花、黄花稔、叶下珠、龙珠果、金腰箭、丰花草等混生。

[价值] 全草入药味苦，性平，无毒，具有清热解毒、散瘀活血的功效，主治上呼吸道感染、咽喉肿痛、急性阑尾炎、急性黄疸型肝炎、胃肠炎、吐泻、消化不良、风湿关节疼痛、疟疾，外用治疮疖、毒蛇咬伤、跌打肿痛。

[参考书目] 《中国植物志》,《本草拾遗》,《中国高等植物图鉴》,《海南植物志》,*Flora of China*,《海南植物物种多样性编目》。

瘦果

植株

花蕾

生境

# 61 // 熊耳草 （别名：大花藿香蓟）
*Ageratum houstonianum* Mill.

[**分类**] 菊科 Asteraceae
藿香蓟属 *Ageratum* L.

[**形态特征**] 一年生草本植物，高约 30～70 厘米，有时可达 1 米。茎不分枝，或自下部或自中部以上分枝，或下部茎平卧而节常生不定根；茎枝稍微带紫色，或上部绿色，或麦秆色，被白色绒毛或薄棉毛，茎枝上部及腋生小枝上的毛常稠密，开展。叶对生，有时上部近互生；叶宽或长卵形，或三角状卵形，中部茎叶长 2～6 厘米，宽 1.5～3.5 厘米，或长宽相等；自中部叶向上向下及腋生小枝上的叶渐小或小；叶基出三脉或不明显五出脉，两面被稀疏或稠密的白色柔毛，边缘有规则的圆锯齿，齿大或小，或密或稀，顶端圆形或急尖，基部心形或平截；全部叶有叶柄，上部叶的叶柄、腋生幼枝及幼枝叶的叶柄通常被开展的白色长绒毛。头状花序 5～15 或更多在茎或分支顶端排成伞房或复伞房花序；花梗密被柔毛或尘状柔毛；总苞片 2 层，披针形，全缘，顶端长渐尖，外面被较多的腺质柔毛；花冠檐部淡紫色，5 裂，裂片外面被柔毛。瘦果黑褐色，5 纵棱，冠毛膜片状，5 个，分离，膜片长圆形或披针形，顶端芒状长渐尖，有时冠毛膜片顶端截形，而无芒状渐尖。

[**分布及生境**] 原产墨西哥及毗邻地区，在海南逸为野生，全岛滨海有分布，生长于滨海空旷沙地、村旁路边、草坡，有时单独成片生长，有时与香附子、黄花稔、铺地黍、含羞草、绒马唐、龙珠果、龙爪茅、银胶菊、假马鞭草、小蓬草、铁线草等混生。

[**价值**] 全草药用，味微苦、性凉，具有清热解毒的功效。在美洲(危地马拉)用全草以消炎，治咽喉痛。

[**参考书目**] 《中国植物志》,《中国高等植物图鉴》,*Flora of China*,《海南植物物种多样性编目》。

花序　　　　　　　　　　　瘦果

植株　　　　　　　　　　　茎、叶

生境

# 62 金腰箭 （别名：苦草、黄花苦草、金花草）

*Synedrella nodiflora* (L.) Gaertn.

[分类] 菊科 Asteraceae
金腰箭属 *Synedrella* Gaertn.

[形态特征] 一年生草本植物，株高 30～100 厘米。茎直立，假二歧分枝，被贴生的粗毛或后脱毛。叶对生，叶片卵形至卵状披针形，基部下延成具翅的叶柄，顶端短渐尖或有时钝，叶片两面贴生疣状糙毛，近基三出脉，边缘具浅平的锯齿，有时两侧的 1 对基部外向分枝而似 5 主脉，中脉中上部常有 1～4 对细弱的侧脉，网脉明显或仅在下面一明显。头状花序常 2～6 个簇生于叶腋，或在顶端成扁球状，稀单生；总苞卵形或长圆形；外层总苞片叶状、卵状长圆形或披针形，绿色，内层总苞片鳞片状，干膜质，长圆形至线形，背面被疏糙毛或无毛；托片线形，外围舌状花黄色，雌性，舌片椭圆形，顶部 2 浅裂；中央管状花花冠檐部 4 浅裂，裂片卵形或三角形。雌花瘦果椭圆形，扁平，深黑色，边缘有翅，翅缘各有 6～8 个长硬尖刺；冠毛 2 枚，坚硬挺直，刚刺状，顶端尖锐。两性花瘦果倒圆锥形，黑色，有纵棱，腹面压扁，两面有疣状突起；冠毛 2～5 枚，叉开，刚刺状，等长或不等长，基部略粗肿，顶端锐尖。

[分布及生境] 原产热带美洲，在海南岛滨海有分布，分布于滨海村落边、路旁、田间、荒地、草坡上，有时与饭包草、牛筋草、铺地黍、地桃花、狗牙根、虎尾草等混生。

[价值] 全草入药，味微辛、微苦，性凉，具有清热透疹、解毒消肿功效，用于治感冒发热、痳疹、疮痈肿毒；对多种农业害虫有较高的驱避作用、拒食作用、毒杀作用、抑制生长发育等生物活性，正发展成为一种新型植物源生物农药。

[参考书目]《中华本草》,《中国植物志》,《海南植物志》,《海南植物物种多样性编目》, *Flora of China*。

植株

花序

生境

# 63 沙苦荬菜 （别名：匍匐苦荬菜）

*Ixeris repens* (L.) A. Gray

**[分类]** 菊科 Asteraceae
苦荬菜属 *Ixeris* Cass.

**[形态特征]** 多年生草本。茎匍匐，有多数茎节，茎节处向下生出多数不定根，向上生出具长叶柄的叶。叶有长柄，柄长 1.5～9 厘米，叶片 1～2 回掌状 3～5 浅裂、深裂或全裂，全形宽卵形，长 1.5～3 厘米，宽 1.5～5 厘米，裂片或末回裂片椭圆形、长椭圆形、圆形或不规则圆形，基部渐狭，有短翼柄或无翼柄，顶端圆形或钝，边缘浅波状或仅 1 侧有 1 大的钝齿或椭圆状大钝齿，两面无毛。头状花序单生叶腋，有长花序梗或头状花序 2～5 枚排成腋生的疏松伞房花序；总苞圆柱状，长约 1.4 厘米；总苞片 2～3 层，外层与最外层小或较小，卵形或椭圆形，顶端急尖或渐尖，内层较长，长椭圆状披针形，顶端急尖，全部总苞片外面无毛；舌状小花 12～60 枚，黄色。瘦果圆柱状，褐色，稍压扁，长 4 毫米，宽 1 毫米，无毛，有 10 条高起的钝肋，顶端渐窄成 2 毫米的粗喙；冠毛白色，长 6 毫米，微粗糙。

**[分布及生境]** 海南万宁滨海，分布于潮间带空旷沙地，少见；常与厚藤、单叶蔓荆、海滨莎、匍枝栓果菊等混生。

**[价值]** 该种为多数家畜所喜食，特别是兔、禽、猪喜食，牛、马、驴亦食，是一种良好青饲，既可以用于放牧，也可以用于刈割舍饲；覆被性很强，具有良好的海岸带固沙护滩作用；花序大，花色艳，是夏季绿化美化海滩的良好植物；全草可入药，有清热解毒、活血排脓之功效。

**[参考书目]** 《中国植物志》，《中国高等植物图鉴》，*Flora of China*，《海南植物物种多样性编目》。

廋果                    花序

植株                   匍匐茎

生境

# 64 中华苦荬菜 （别名：山苦荬、小苦苣、黄鼠草）

*Ixeris chinensis* (Thunb.) Nakai

[分类] 菊科 Asteraceae
苦荬菜属 *Ixeris* Cass.

[形态特征] 多年生草本，高 5～50 厘米，全株无毛。基生叶长椭圆形、倒披针形、线形或舌形，长 2.5～15 厘米，宽 2～5.5 厘米，顶端钝或急尖或向上渐窄，基部渐狭成有翼的柄；叶片全缘，不分裂亦无锯齿或边缘有尖齿或凹齿，或羽状浅裂、半裂或深裂，侧裂片 2～7 对，长三角形、线状三角形或线形，中部侧裂片最大，自中部向上或向下的侧裂片渐小，向基部的侧裂片常为锯齿状，有时为半圆形；茎生叶两面无毛，2～4 枚，极少 1 枚或无茎叶，长披针形或长椭圆状披针形，不裂，边缘全缘，顶端渐狭，基部扩大，耳状抱茎或至少基部茎生叶的基部有明显的耳状抱茎。头状花序通常在茎枝顶端排成伞房花序，含舌状小花 21～25 枚；总苞圆柱状，长 7～9 毫米；总苞片 3～4 层，外层及最外层宽卵形，顶端急尖，内层长椭圆状倒披针形，顶端急尖；舌状小花黄色，极少白色或紫红色，干时带红色。瘦果褐色，长椭圆形，有 10 条高起的钝肋，肋上有小刺毛，顶端急尖成细丝状喙，长约 2 毫米；冠毛白色，微糙。

[分布及生境] 海南岛全岛滨海，少见，分布于滨海村旁、路边潮湿沙地，常与饭包草、厚藤、马缨丹、鬼针草、虎掌藤、丰花草、小飞蓬等混生。

[价值] 全草入药，具有清热解毒、凉血、活血排脓的功效，用于阑尾炎、肠炎、痢疾、疮疖痈肿等症；嫩根和叶可食用，也可作饲料。

[参考书目]《中华本草》《中国植物志》《中国高等植物图鉴》，*Flora of China*。

植株

生境

# 65 // 假臭草

*Praxelis clematidea* R. M. King & H. Rob.

[分类] 菊科 Asteraceae
　　　假臭草属 *Praxelis* Cass.

[形态特征] 多年生草本，株高约 30～100 厘米。
　　　茎直立，多分枝，全株被长柔毛。叶对生，卵
　　　形至卵状菱形，具腺点，长约 2.5～6 厘米，
　　　宽 1～4 厘米，顶端锐尖，基部近圆形或楔形，
　　　边缘每边有 5～8 粗齿，两面被糙毛，基出三
　　　脉，叶柄长约 0.3～2 厘米。头状花序直径约
　　　4～5 厘米，在茎、枝顶端排列成顶生伞房状聚
　　　伞花序；总苞钟形，小花 25～30 朵，管状，
　　　淡蓝色或蓝紫色，花冠长约 3.5～4.8 毫米，
　　　冠檐 4～5 齿。瘦果长约 2～3 毫米，黑色，具
　　　白色冠毛。

[分布及生境] 原产南美，目前已成华南地区的一
　　　种有毒恶性杂草，海南全岛滨海有分布，生长
于滨海村旁、路边、房前屋后、空旷沙地。适
应性强，繁殖能力快，在海南滨海能与多种低
矮滨海草本、亚灌木植物混生，如厚藤、黄花
稔、铁线草、匐枝栓果菊、铺地黍、阔苞菊、
苍耳、香附子、小飞蓬草等。

[价值] 可做植物源杀菌剂，甲醇提取液不仅能有
效抑制橡胶白粉病菌孢子的萌发与生长，而且
能提高橡胶树的抗病性。

[参考书目] *Flora of China*,《海南植物物种多样性
编目》。

花序

瘦果

植株

生境

# 66 白凤菜 （别名：肝炎草、白背天葵、龙凤菜）

*Gynura formosana* Kitam.

[**分类**] 菊科 Asteraceae

　　菊三七属 *Gynura* Cass.

[**形态特征**] 多年生草本，有特殊的臭味。近葶状，高25～50厘米，茎圆柱形下部平卧，上部直立，干时有条棱，被短糙毛，上部分枝，斜升。下部和中部叶，具柄；叶片椭圆形，匙形，稀提琴状浅裂，肉质，长约5厘米，宽约3厘米，顶端钝，基部渐狭或急狭成长叶柄，叶柄基部有1对叶耳，中部以上常有1～2个小齿，边缘有波状小尖齿，侧脉3～4对，弧状弯，主脉和细脉干时不明显，两面被贴生短毛；上部叶小，无柄，长圆形，羽状浅裂或披针形而具小齿，基部有假托叶，最上部叶极退化，线形或线状披针形，长0.5～2厘米。头状花序2～5，通常3个在上端排成疏伞房状；花序梗细，长5～7厘米，被短柔毛，有1～3个苞片；总苞筒状，基部有数个线形小苞片；总苞片1层，12～14枚，披针形，顶端尖或渐尖，边缘干膜质，背面被疏短毛；小花伸出总苞，花冠黄色，管部细，上部扩大，裂片卵状披针形；花药基部钝；花柱分枝顶端有披针形附器，被乳头状微毛。瘦果圆柱形，长约4.2毫米，两端截形，具10条肋，被微毛；冠毛多数，白色，绢毛状。

[**分布及生境**] 在海南琼海、万宁、昌江、儋州、临高、澄迈等地滨海有分布，生长于椰树林、木麻黄林、露兜树下，也有生长于高潮线附近草坡、礁石堆，有时独立小片生长，有时与大苞水竹叶、单叶蔓荆、天门冬、厚藤、白茅等混生。

[**价值**] 抗逆性强，繁殖简单，是海岸沙地绿化的优良植物；营养丰富，嫩茎叶可食，是一种非常值得开发的药食两用植物；全草入药，味甘、淡、性凉、无毒，具有清热解毒的功效，可用于治疗肝炎、高血压，外敷可治疗各种创伤。

[**参考书目**] 《中国植物志》，*Flora of China*，《海南植物物种多样性编目》，《南方滨海耐盐植物资源（一）》。

花序　　　　　　　　廋果

叶　　　　　　　　　植株

生境

# 67 白子菜 （别名：鸡菜、大肥牛、叉花土三七、白背三七）

*Gynura divaricata* (L.) DC.

[分类] 菊科 Asteraceae
　　　菊三七属 *Gynura* Cass.

[形态特征] 多年生草本植物。高 30～60 厘米，茎直立，或基部多少斜升，木质，干时具条棱，不分枝或有时上部有花序枝，无毛或被短柔毛，稍带紫色。叶质厚，略带肉质，通常集中于下部，叶片卵形，椭圆形或倒披针形，长约 2～15 厘米，宽约 1.5～5 厘米，顶端钝或急尖，基部楔状狭或下延成叶柄，近截形或微心形，边缘具粗齿，有时提琴状裂，稀全缘，侧脉 3～5 对，细脉常连结成近平行的长圆形细网，干时呈清晰的黑线，两面被短柔毛；叶柄长 0.5～4 厘米，有短柔毛，基部有卵形或半月形具齿的耳；上部叶渐小，苞叶状，狭披针形或线形，羽状浅裂，无柄，略抱茎；头状花序，通常 2～5 个，在茎或枝端排成疏伞房状圆锥花序，常呈叉状分枝；花序梗长可达 15 厘米，被密短柔毛，具 1～3 线形苞片；总苞钟状，基部有数个线状或丝状小苞片；总苞片 1 层，11～14 个，狭披针形，顶端渐尖，呈长三角形，边缘干膜质，背面具 3 脉，被疏短毛或近无毛；小花橙黄色，有香气，略伸出总苞；花冠管部细，上部扩大，裂片长圆状卵形，顶端红色，尖；花药基部钝或徽箭形；花柱分枝细，有锥形附器，被乳头状毛。瘦果圆柱形，长约 5 毫米，褐色，具 10 条肋，被微毛；冠毛白色，绢毛状。

[分布及生境] 海南岛陵水滨海有零星分布，生长于滨海湿润的林下、石壁上，有时独立成小片生长，有时与厚藤、海刀豆、鲫鱼藤、蔓荆、细穗草等混生。

[价值] 味甘、淡，性凉，具有清热凉血、活血止痛、止血的功效，用于咳嗽、疮疡、烫炎伤、跌打损伤、风湿痛、崩漏、外伤出血；嫩茎叶可作蔬菜。

[参考书目]《中国植物志》，《海南植物志》，《中华本草》，Flora of China，《海南植物物种多样性编目》。

花序                  叶耳

植株                  叶

生境

# 68 // 阔苞菊 （别名：格杂树、栾樨）

*Pluchea indica* (L.) Less.

[分类] 菊科 Asteraceae

　　　　阔苞菊属 *Pluchea* Cass.

[形态特征] 灌木。茎直立，高可达2米，径5～8毫米，分枝或上部多分枝，有明显细沟纹，幼枝被短柔毛，后脱毛。下部叶无柄或近无柄，倒卵形或阔倒卵形，稀椭圆形，长5～7厘米，宽约2.5厘米，基部渐狭成楔形，顶端浑圆、钝或短尖，上面稍被粉状短柔毛或脱毛，下面无毛或沿中脉被疏毛，有时仅具泡状小突点，中脉两面明显，下面稍凸起，侧脉6～7对，网脉稍明显；中部和上部叶无柄，倒卵形或倒卵状长圆形，长2.5～4.5厘米，宽1～2厘米，基部楔尖，顶端钝或浑圆，边缘有较密的细齿或锯齿，两面被卷短柔毛。头状花序在茎枝顶端排列成伞房花序；花序梗细弱，长3～5毫米，密被卷短柔毛；总苞卵形或钟状；总苞片5～6层，外层卵形或阔卵形，背面通常被短柔毛，内层狭，线形，顶端短尖，无毛或有时上半部疏被缘毛。雌花多层，花冠丝状，檐部3～4齿裂；两性花较少或数朵，花冠管状，檐部扩大，顶端5浅裂，裂片三角状渐尖，背面有泡状或乳头状突起。瘦果圆柱形，有4棱，被疏毛；冠毛白色，宿存，两性花的冠毛常在下部联合成阔带状。

[分布及生境] 海南岛三亚、乐东、东方、文昌、昌江、海口滨海，生长于高潮线附近空旷沙地、鱼虾塘埂，常与厚藤、盐地鼠尾粟、过江藤、鬼针草、滨豇豆、无根藤等混生，偶见有单独成片生长为优势种群。

[价值] 鲜叶与米共磨烂，做成糍粑，称栾樨饼，有暖胃去积功效。

[参考书目]《中国植物志》,《中国高等植物图鉴》,《海南植物物种多样性编目》, *Flora of China*,《南方滨海耐盐植物资源(一)》。

叶

花序

植株

生境

# 69 鳢肠

(别名：乌田草、墨旱莲、旱莲草、野向日葵、墨菜、黑墨草、墨汁草、墨水草、乌心草、墨草)

*Eclipta prostrata* (L.) L.

**[分类]** 菊科 Asteraceae
鳢肠属 Eclipta L.

**[形态特征]** 一年生草本。茎铺散，直立或上升，高达 60 厘米，通常自基部分枝，节着土后易生根，被短糙伏毛。叶长圆状披针形或披针形，有时仅波状或有细锯齿，长 3～10 厘米，宽 0.5～2.5 厘米，基部狭楔形，下延成短柄或无柄，先端尖或渐尖，两面被密硬糙毛。头状花序 1～3 个，直径 6～8 毫米，顶生或腋生；花序梗细弱，长 2～4 厘米；总苞球状钟形，长约 5 毫米，宽约 1 厘米，总苞片 5～6片，长圆形或长圆状披针形 2 层，草质，绿色，外层长圆状披针形，背面及边缘被白色短伏毛，先端青绿色；外围的雌花 2 层，舌状，先端 2 浅裂或不分裂；中央花两性，管状，先端 4 裂；花丝无毛；花柱分枝先端钝，具小疣；花托凸起，托片披针形或线形。边花瘦果三棱形，暗褐色；中央两性花瘦果扁四棱形，顶端截形，具 1～3 个细齿，基部稍缩小，边缘具白色的肋，表面有小瘤状突起，无毛。

**[分布及生境]** 海南岛滨海，分布于潮湿的滨海空旷沙地、滨海鱼虾塘边、入海口沙地、滨海湿地，有时与厚藤、滨豇豆、滨刀豆、海雀稗、千金子、白花蛇舌草、田字萍等混生。

**[价值]** 无毒，全草入药，性寒，味甘、酸，鳢肠为滋养收敛药，具有收敛、排脓、凉血、止血、消肿、强壮的功效，可治各种吐血、肠出血等症，捣汁涂眉发，能促进毛发生长，内服有乌发、黑发的功效；鳢肠茎叶柔嫩，各类家畜喜食，民间常用作猪饲料。

**[参考书目]** 《中国植物志》,《中华本草》,《海南植物物种多样性编目》,*Flora of China*。

花序 种子

植株

生境

# 70 // 卤地菊

(别名：黄花龙舌花、龙舌三尖刀、龙舌草、三尖刀、黄花冬菊、黄野蒿)

*Melanthera prostrata* (Hemsl.) W. L. Wagner & H. Robinson

[分类] 菊科 Asteraceae

卤地菊属 *Melanthera* Rohr

[形态特征] 一年生草本。茎匍匐，长 25～80 厘米或更长，基部分枝，基部茎节生不定根，茎圆柱形，疏被短糙毛，糙毛有时成钩状，节间长 2～4 厘米，上部可达 6～8 厘米。叶对生，叶无柄或有短柄，叶片披针形或长圆状披针形，连叶柄长 1～4 厘米，宽 4～9 毫米，基部稍狭，先端钝，边缘有 1～3 对不规则的粗齿或细齿，稀有全缘，两面密被短糙毛，中脉和近基发出的 1 对侧脉，不明显，无网状脉。头状花序，少数，单生茎顶或上部叶腋内，无花序梗或有短花序梗；总苞近球形，径约 9 毫米；总苞片 2 层，外层叶质，绿色，背面被基部为疣状的短粗毛，卵形至卵状长圆形，长 4～6 毫米，先端钝或略尖，内层倒卵形或倒卵状长圆形，上部疏被短粗毛，长约 6 毫米，顶端三角状短尖；托片折叠成倒卵状长圆形，长约 7 毫米，基部较狭，顶端短尖，背面仅上端疏被短糙毛；舌状花 1 层，黄色，舌片长圆形，顶端 3 浅裂，常以中间的裂片较小，管部约与子房等长；管状花黄色，长 6～7 毫米，向上渐扩大成钟状，檐部 5 裂，裂片近三角形，顶端稍钝，疏被短毛。瘦果倒卵状三棱形，长约 4 毫米，宽 2.5～3 毫米，顶端截平，但中央稍凹入，凹入处密被短毛；无冠毛及冠毛环。

[分布及生境] 海南昌江、万宁滨海，常见，生长于潮间带的干旱沙地，与厚藤、滨刀豆、单叶蔓荆、老鼠芳等混生。

[价值] 全草入药，味甘、淡，性凉，无毒，具有清热凉血、祛痰止咳的功效，用于感冒、喉蛾、喉痹、百日咳、肺热喘咳、肺结核咯血、鼻衄、高血压病、痈疖疔疮。

[参考书目]《中国植物志》,《中华本草》,《海南植物物种多样性编目》,*Flora of China*。

叶　　　　　　　　　　花序

植株

生境

# 71 孪花蟛蜞菊 （别名：孪花菊）

*Wollastonia biflora* ( L .) DC.

[分类] 菊科 Asteraceae

　　　孪花菊属 *Wollastonia* DC. ex Decne.

[形态特征] 攀缘状多年生草本。茎粗壮，长可达
　　1～1.5 米，甚至更长，基部径约 5 毫米，分
　　枝，无毛或被疏贴生的短糙毛，节间长约 5～
　　14 厘米。下部叶片卵形至卵状披针形，连叶柄
　　长 9～25 厘米，宽 4～11 厘米，基部截形、浑
　　圆或稀有楔尖，顶端渐尖，边缘有规则的锯
　　齿，两面被贴生的短糙毛，主脉 3，两侧的 1
　　对近基部发出，中脉中上部常有 1～2 对侧脉，
　　网脉通常明显；上部叶较小，卵状披针形或披
　　针形，连叶柄长 5～7 厘米，宽 2.5～3.5 厘米，
　　基部通常楔尖。头状花序少数，径可达 2 厘
　　米，顶生和腋生，有时孪生，花序梗细弱，长
　　2～6 厘米，被向上贴生的短粗毛；总苞半球形
　　或近卵状，总苞片 2 层，与花盘等长或稍长，
　　背面被贴生的糙毛；外层卵形至卵状长圆形，
　　顶端钝或稍尖，内层卵状披针形，顶端三角状
　　短尖；托片稍折叠，倒披针形或倒卵状长圆
　　形，顶端钝或短尖，全缘，被扩展的短糙毛；
　　舌状花 1 层，黄色，舌片倒卵状长圆形，长约
　　8 毫米，宽约 4 毫米，顶端 2 齿裂，被疏柔毛，
　　筒部长近 3 毫米；管状花花冠黄色，长约 4 毫
　　米，下部骤然收缩成细管状，檐部 5 裂，裂片
　　长圆形，顶端钝，被疏短毛。瘦果倒卵形，具
　　3～4 棱，基部尖，顶端宽，截平，被密短柔
　　毛；无冠毛和冠毛环。

[分布及生境] 海南滨海，分布于村旁、路边的空
　　旷沙地，尤其琼海滨海分布比较集中，成片分
　　布于高潮线附近。孪花蟛蜞菊常单独成片生长
　　成为优势种群，有时与飞机草、厚藤、滨刀
　　豆、滨豇豆、蟛蜞菊、蒺藜草、龙珠果、五爪
　　金龙、狗牙根等混生。

[价值] 全草入药，用于治疗风湿关节痛、跌打损
　　伤、疮疡肿毒。

[参考书目]《中国植物志》,《中国中药资源志要》,
　　《海南植物物种多样性编目》, *Flora of China*。

花序　　　　　　　　　　　　　总苞片

植株

生境

# 72 蟛蜞菊 （别名：黄花蟛蜞草、黄花墨菜、黄花龙舌草、田黄菊、卤地菊）

*Sphagneticola calendulacea* (L.) Pruski

**[分类]** 菊科 Asteraceae

蟛蜞菊属 *Sphagneticola* O. Hoffm.

**[形态特征]** 多年生草本。茎匍匐，上部近直立，基部各节生出不定根，有分枝，有阔沟纹，疏被贴生的短糙毛或下部脱毛。叶无柄，椭圆形、长圆形或线形，长3～7厘米，宽7～13毫米，基部狭，顶端短尖或钝，全缘或有1～3对疏粗齿，两面疏被贴生的短糙毛，中脉在上面明显或有时不明显，在下面稍凸起，侧脉1～2对，通常仅有下部离基发出的1对较明显，无网状脉。头状花序少数，单生于枝顶或叶腋内；花序梗长3～10厘米，被贴生短粗毛；总苞钟形，总苞2层，外层叶质，绿色，椭圆形，顶端钝或浑圆，背面疏被贴生短糙毛，内层较小，长圆形，顶端尖，上半部有缘毛；托片折叠成线形，长约6毫米，无毛，顶端渐尖，有时具3浅裂；舌状花1层，黄色，舌片卵状长圆形，长约8毫米，顶端2～3深裂，管部细短；管状花较多，黄色，长约5毫米，花冠近钟形，向上渐扩大，檐部5裂，裂片卵形，钝。瘦果倒卵形，多疣状突起，顶端稍收缩；舌状花的瘦果具3条边，边缘增厚；瘦果无冠毛，只具细齿的冠毛环。

**[分布及生境]** 原产南美洲，现海南岛滨海有分布，分布于滨海村旁、路边的空旷潮湿沙地、灌木林缘，有时在海涂的高潮线附近也有分布，常独立成片生长，有时与厚藤、饭包草、孪花蟛蜞菊、少花龙葵、海刀豆、鬃刺等混生。

**[价值]** 全草入药，味甘、微酸，性凉，具有清热解毒、凉血散瘀的功效，用于感冒发热、咽喉炎、扁桃体炎、肋腺炎、白喉、百日咳、气管炎、肺炎、肺结核咯血、鼻衄、尿血、传染性肝炎、痢疾、痔疮、肿毒等。耐旱、耐湿、耐瘠、耐盐碱，抗虫抗病害，易成活、生长快、覆盖面广，是优良的地被植物，具有一定的绿化和观赏价值。

**[参考书目]** *Flora of China*,《海南植物物种多样性编目》,《中国植物志》,《全国中草药汇编》,《海南植物志》。

花

植株

生境

# 73 银花苋 （别名：鸡冠千日红、假千日红、野生千日红、伏生千日红、野生圆子花）

*Gomphrena celosioides* Mart.

[分类] 苋科 Amaranthaceae
千日红属 *Gomphrena* L.

[形态特征] 一年生草本或宿根性草本，高约35厘米。茎被贴生白色长柔毛。单叶对生；叶柄短或无；叶片长椭圆形至近匙形，长3～5厘米，宽1～1.5厘米，先端急尖或钝，基部渐狭，背面密被或疏生柔毛及缘毛。头状花序顶生，银白色，初呈球状，后呈长圆形，长约2厘米以上；无总花梗；苞片宽三角形，小苞片白色；脊棱极狭；萼片外面被白色长柔毛，花后外侧2片脆革质，内侧薄革质；雄蕊管先端5裂，具缺口；花柱极短，柱头2裂。胞果梨形，果皮薄膜质。

[分布及生境] 原产美洲热带，目前在海南全岛滨海有零星分布，生长于木麻黄林、桉树林缘空旷沙地上，滨海路边草坡，常与蛇婆子、银丝草、叶下珠、黄花稔、赛葵及一些低矮禾本科植物混生。

[价值] 全草入药，味甘、淡，性凉，具有清热利湿、凉血止血的功效，用于治疗湿热、腹痛、痢疾、出血症、便血、痔血。

[参考书目] 《中国植物志》,《海南植物志》,Flora of China,《新华本草纲要》,《海南植物物种多样性编目》。

植株　　　　　　　　　　　　花序、叶

植株

生境

# 74 匍枝栓果菊 (别名：蔓茎栓果菊)

*Launaea sarmentosa* (Willd.) Merr. & Kuntze

[分类] 菊科 Asteraceae
栓果菊属 *Launaea* Cass.

[形态特征] 多年生匍匐草本。根垂直直伸，圆柱状，木质。自根颈发出长约 20～90 厘米的匍匐茎，匍茎上有稀疏的节，节上生不定根及莲座状叶，全部植株光滑无毛；基生叶多数，莲座状，倒披针形，长约 3～8 厘米，宽约 0.6～1 厘米，羽状浅裂或稍大头羽状浅裂、或边缘浅波状锯齿，侧裂片 1～3 对，对生或互生，顶端圆形或钝，顶裂片不规则菱形或三角形或椭圆形，顶端钝或圆形或急尖；匍茎上的叶生于茎节上，莲座状，匍茎常有 3～4 个莲座状叶丛，叶形与基生叶同形，但较小；全部叶向基部渐狭成短翼柄或无柄，两面无毛。头状花序约含 14 枚舌状小花，单生于基生叶的莲座状叶丛中与匍茎节上的莲座状叶丛中，花序梗短；总苞圆柱状，长约 13 毫米；总苞片 3～4 层，外面两层短，三角形或长椭圆形，顶端钝，里面两层较长，披针形，顶端急尖或钝，边缘白色膜质；舌状小花黄色，舌片顶端 5 齿裂。瘦果钝圆柱状，有 4 条大而钝的纵肋，浅青褐色，有横皱纹；冠毛白色，纤细，长约 6 毫米。

[分布及生境] 海南岛三亚、东方、乐东、昌江、陵水、万宁、琼海、文昌、海口等滨海，生长于滨海潮间带上缘的空旷沙地、滨海鱼虾塘埂上、路边沙地，常与厚藤、蒭雷草、番杏、滨豇豆、蒺藜草、阔苞菊、老鼠芳等滨海植物混生。

[价值] 该种在广东沿海一些地方称之为"鹅仔菜"，叶片肉质，为家禽，尤其是鹅所喜欢食用；另外，该种具有良好的固沙效能。

[参考书目]《中国植物志》,《海南植物志》, *Flora of China*,《海南植物物种多样性编目》。

叶　　　　　　　　　　　　　花

植株

生境

# 75 // 一点红

（别名：红背叶、羊蹄草、野木耳菜、花古帽、牛奶奶、红头草、叶下红、片红青、红背果、紫背叶）

*Emilia sonchifolia* (L.) DC.

**[分类]** 菊科 Asteraceace
一点红属 *Emilia* Cass.

**[形态特征]** 一年生草本植物，高 25～40 厘米。茎直立或斜升，稍弯，通常自基部分枝，枝条柔弱，紫红色或绿色，光滑无毛或被疏短毛。叶互生，叶质较厚，下部叶密集，大头羽状分裂，长 5～10 厘米，宽 2.5～6.5 厘米，顶生裂片大，宽卵状三角形，顶端钝或近圆形，边缘具不规则的钝齿，侧生裂片通常 1 对，长圆形或长圆状披针形，顶端钝或尖，具波状齿，上面深绿色，下面常变紫色，两面被短卷毛；茎中部叶较小，疏生，卵状披针形或长圆状披针形，无柄，基部箭状抱茎，顶端急尖，全缘或有不规则细齿；上部叶少数，线形。头状花序长约 8 毫米，后伸长达约 14 毫米，在开花前下垂，花后直立，通常 2～5，在枝端排列成疏伞房状；花序梗细，长约 2.5～5 厘米，无苞片，总苞圆柱形，长 8～14 毫米，宽 5～8 毫米，基部无小苞片；总苞片 1 层，8～9 片，长圆状线形或线形，黄绿色，约与小花等长，顶端渐尖，边缘窄膜质，背面无毛；小花粉红色或紫色，长约 9 毫米，管部细长，檐部渐扩大。瘦果圆柱形，具 5 深裂，长 3～4 毫米，具 5棱，肋间被微毛；冠毛丰富，白色、细软。

**[分布及生境]** 海南滨海有零星分布，分布于潮湿的滨海空旷沙地、草坡、路边及开阔的椰树林下，常零星在滨海沙地独立生长，有时与龙珠果、羽芒菊、盐地鼠尾粟、匍枝栓果菊、牛筋草、滨刀豆、蒭雷草等混生。

**[价值]** 全草入药，性味苦、凉，具有清热解毒、散瘀消肿、凉血、消炎、止痢的功效。主治腮腺炎、乳腺炎、小儿疳积、皮肤湿疹、咽喉痛、口腔破溃、风热咳嗽、泄泻、痢疾、小便淋痛、子痈、乳痈、疖肿疮疡、肺炎、睾丸炎、麦粒肿、中耳炎、痈疖、蜂窝组织炎、泌尿系感染、急性扁桃体炎等。

**[参考书目]**《中国中药资源志要》，《中国植物志》，《海南植物志》，《中国高等植物图鉴》，*Flora of China*，《海南植物物种多样性编目》。

| 叶 | 花序 | 花序 |
| --- | --- | --- |
| 叶 | 花序 | 瘦果 |

植株

生境

# 76 // 银 胶 菊 （别名：银色橡胶菊）

*Parthenium hysterophorus* L.

[分类] 菊科 Asteraceae

银胶菊属 *Parthenium* L.

[形态特征] 一年生草本植物。茎直立，高 60～100 厘米，基部径约 5 毫米，多分枝，具条纹，被短柔毛，节间长 2.5～5 厘米。叶全形卵形或椭圆形，茎中下部叶为二回羽状深裂，连叶柄长 10～19 厘米，宽 6～11 厘米，羽片 3～4 对，小羽片卵状或长圆状，常具齿，顶端略钝，上面被基部为疣状的疏糙毛，下面的毛较密而柔软；茎上部叶片无柄，羽裂或有时指状 3 裂，裂片线状长圆形，全缘或具齿。头状花序多数，径 3～4 毫米，在茎枝顶端排成开展的伞房花序，花序柄被粗毛；总苞宽钟形或近半球形，2 层，每层各 5 枚，外层较硬，卵形，长约 2.2 毫米，顶端叶质，钝，背面被短柔毛，内层较薄，几近圆形，长宽近相等，顶端钝，下凹，边缘近膜质，透明，上部被短柔毛；舌状花 5 枚，白色，长约 1.3 毫米，舌片卵形或卵圆形，顶端 2 裂；管状花多数，檐部 4 浅裂，裂片短尖或短渐尖，具乳头状突起；雄蕊 4 个。雌花瘦果倒卵形，基部渐尖，干时黑色、长约 2.5 毫米，被疏腺点；冠毛 2，鳞片状，长圆形，顶端截平或有时具细齿。

[分布及生境] 原产美国（德克萨斯州）及墨西哥北部，目前在海南岛滨海有分布，较常见，分布于滨海空旷沙地、村旁、路边、草坡，常与假马鞭草、牛筋草、鬼针草、香附子、野甘草、小蓬草、厚藤、饭包草等植物混生。

[价值] 本种的橡胶理化性能与巴西胶基本一致，而且对人不产生敏感作用，可以用于生产橡胶、树脂等，树脂可以用来生产木材防腐剂、杀虫剂、注塑剂等，提胶后剩余部分可以用来造纸或制作微粒板，也可用作燃料；亦可绿化热带、亚热带多岩石坡地，起到保持水土的作用。

[参考书目] 《中国植物志》，《中国高等植物图鉴》，*Flora of China*，《海南植物物种多样性编目》。

花序

叶

植株

生境

# 77 羽芒菊 （别名：兔草）

*Tridax procumbens* L.

**[分类]** 菊科 Asteraceae
羽芒菊属 *Tridax* L.

**[形态特征]** 多年生铺地草本。茎纤细，平卧，节处常生不定根，长可达 1 米，略呈四方形，分枝，被倒向糙毛或脱毛。基部叶略小，花期凋萎；中部叶柄长达 1 厘米，偶达 2～3 厘米；叶片披针形或卵状披针形，长 4～8 厘米，宽 2～3 厘米，基部渐狭或几近楔形，顶端披针状渐尖，边缘有不规则齿，近基部常浅裂，裂片 1～2 对或仅存于叶缘之一侧，两面被基部为疣状的糙伏毛；基生三出脉，两侧的 1 对较细弱，有时不明显，中脉中上部间或有 1～2 对极不明显的侧脉，网脉无或极不显著；上部叶小，卵状披针形至狭披针形，具短柄，基部近楔形，顶端短尖至渐尖，边缘有粗齿或基部近浅裂。头状花序少数，单生于茎、枝顶端；花序梗长达 10～20 厘米，稀达 30 厘米，被白色疏毛，花序下方的毛稠密；总苞钟形；总苞片 2～3 层，外层绿色，叶质或边缘干膜质，卵形或卵状长圆形，顶端短尖或凸尖，背面被密毛，内层长圆形，无毛，干膜质，顶端凸尖，最内层线形，光亮，鳞片状；花托稍突起，托片顶端芒尖或近于凸尖；雌花 1 层，淡黄色，舌状，舌片长圆形，顶端 2～3 浅裂，被毛；两性花多数，花冠管状，被短柔毛，上部稍大，檐部 5 浅裂，裂片长圆状或卵状渐尖，边缘有时带波浪状。瘦果陀螺形、倒圆锥形或稀圆柱状，干时黑色，密被长毛；冠毛上部污白色，下部黄褐色，羽毛状。

**[分布及生境]** 原产美洲热带，目前在海南全岛滨海有分布，昌江滨海分布比较集中，主要分布于滨海空旷沙地、路边、草坡，有时独立成片生长，有时与香附子、硬毛木蓝、糙叶丰花草、龙爪茅、四生臂形草、链荚豆等混生。

**[价值]** 该种含有较多的碳水化合物、粗蛋白质和粗纤维，草质柔嫩多汁，尤其是在冬春干旱季节，多数牧草枯黄老化时，羽芒菊仍青绿柔嫩，牛、羊采食较多；煮熟后可喂猪；嫩茎叶兔极喜食。

**[参考书目]** 《中国植物志》，《中国高等植物图鉴》，《海南植物志》，*Flora of China*，《海南植物物种多样性编目》。

廋果

花序

花序

植株

植株

生境

# ◇爵床科

## 78 // 宽叶十万错

*Asystasia gangetica* (L.) T. Anderson

[分类] 爵床科 Acanthaceae
十万错属 *Asystasia* Blume

[形态特征] 多年生草本。植株外倾，茎具纵棱，节膨大。叶片较宽，对生，卵形、长卵形或椭圆形，叶具柄，叶基部急尖、钝、楔形、圆或近心形，几全缘，叶长3～14厘米，宽1～6厘米，叶片上面中脉被柔毛，背面主脉上糙硬毛，两面稀疏被短毛，上面钟乳体点状。总状花序顶生，花序轴4棱，棱上被毛，较明显，花偏向一侧；苞片对生，三角形，疏被短毛；小苞片2，着生于花梗基部，长2毫米；花梗约长3毫米，无毛；花萼长约7毫米，5深裂，仅基部结合，裂片披针形或线形，被腺毛；花冠短，长约2.5厘米，略两唇形，外面被疏柔毛；花冠管基部圆柱状，上唇2裂，裂片三角状卵形，先端略尖，长约5毫米，下唇3裂，裂片长卵形，椭圆形，中裂片长约9毫米，侧裂片7毫米，中裂片两侧自喉部向下有2条褶襞直至花冠筒下部，褶襞密被白色柔毛，并有紫红色斑点；雄蕊4，花丝无毛，每边一长一短，在基部两两结合成对，花药紫色，背着，长圆形；花柱约长约12毫米，基部被长柔毛，子房长约3毫米，密被长柔毛，具杯状花盘，花盘多少钝圆，5浅裂。蒴果长约3厘米，不育部分长1.5厘米。

[分布及生境] 海南滨海有零星分布，生长于滨海村旁、路边、灌木林缘的潮湿沙地，成片与白花丹、麻叶铁苋菜、香附子等混生。

[价值] 味淡，性凉，具有续伤接骨、解毒止痛、凉血止血的功效，用于跌打骨折、瘀阻肿痛、痈肿疮毒、毒蛇咬伤、创伤出血、血热所致的各种出血症；具止血不留瘀的优点；叶可食。

[参考书目] 《中国植物志》，*Flora of China*，《海南植物物种多样性编目》。

花序　　　　　　　　花序　　　　　蒴果

植株

生境

# ◇兰 科

## 79 // 美冠兰
*Eulophia graminea* Lindl.

[分类] 兰科 Orchidaceae
美冠兰属 *Eulophia* R. Br. ex Lindl.

[形态特征] 多年生草本植物。假鳞茎卵球形、圆锥形、长圆球形或近球形直立，常带绿色，多少露出地面，上部有数节，有时多个假鳞茎聚生成簇团。叶3～5枚，在花凋萎后发出，线形或线状披针形，先端渐尖，基部收狭成柄；叶柄套叠而成短的假茎，中下部具数枚筒状鞘。花葶从假鳞茎一侧节上发出，中部以下有数枚鞘；总状花序直立，常具1～2个分枝，疏生多数花，苞片线状披针形，花橄榄绿色，中萼片倒披针形，花瓣狭卵形，唇瓣白色而具紫红色褶，倒卵形或长圆形；唇瓣3裂，侧裂片小，中裂片较大，近圆形；唇盘上具3～5条纵褶片，近基部向上延伸至中裂片上，褶片分裂成流苏状。蒴果狭椭球形，下垂。

[分布及生境] 海南岛儋州、临高、万宁、东方、陵水滨海，少见，生长于木麻黄林下空旷沙地，有时与大苞水竹叶、地杨桃等植物混生。

[价值] 以假鳞茎入药，味涩，性平，具有止血定痛的功效，用于跌打损伤、血瘀疼痛、外伤出血、痈疽疮疡、虫蛇咬伤；也可作为观赏花卉进行栽培。

[参考书目] 《中国植物志》，《海南植物志》，《海南植物物种多样性编目》，*Flora of China*。

花　　　　　　　　　　假鳞茎

花序　　　　　　　　　花序　　　　　　　　　植株

生境

# ◇藜　科

## 80 // 匍匐滨藜 （别名：海芙蓉、海归母、沙马藤）
*Atriplex repens* Roth

[分类] 藜科 Chenopodiaceae
　　　滨藜属 *Atriplex* L.

[形态特征] 小灌木，高 20～50 厘米。茎外倾或平
卧，下部常生有不定根；枝互生，浅绿色，有
时常带紫红色，具微条棱。叶互生，叶片宽卵
形至卵形，肥厚，通常长 1～2 厘米，宽 8～15
毫米，全缘，两面均为灰绿色，有密粉，先端
圆或钝，基部宽楔形至圆形；叶柄长 1～3 毫
米。花在枝的上部集成有叶的短穗状花序；雄
花花被锥形，4～5 深裂，裂片倒卵形，先端内
折，雄蕊与花被裂片同数，但通常不全发育，
花丝扁平，基部连合，无退化子房；雌花的苞
片果时三角形至卵状菱形，边缘具不整齐锯
齿，仅近基部的边缘合生，靠基部的中心部木
栓质臌胀，黄白色，中线两侧常常各有 1 个向
上的突出物。胞果扁，卵形，果皮膜质。种子
红褐色至黑色。

[分布及生境] 海南岛儋州、昌江滨海，生长于红
树林缘沙地，与刺果苏木、南方碱蓬、海马
齿、仙人掌等混生，很少见。

[价值] 全草入药，味微苦，性凉，具有祛风除湿、
活血通经、解毒消肿的功效，用于风湿痹痛、
带下、月经不调、疮疡痈疽、皮炎。

[参考书目]《中国植物志》,《中华本草》,《海南植物
志》,《海南植物物种多样性编目》,*Flora of China*。

穗状花序

雌花苞片

植株

生境

# 81 /// 南方碱蓬
*Suaeda australis* (R. Br.) Moq.

[分类] 藜科 Chenopodiaceae
碱蓬属 *Suaeda* Forssk. ex J. F. Gmel.

[形态特征] 小灌木，高 15～50 厘米。茎基部多分枝，斜升或直立，下部常生有不定根，灰褐色至淡黄色，通常有明显的残留叶痕。叶片线形至线状长圆形，半圆柱状，稍弯，肉质，长 1～3 厘米，宽 2～3 毫米，先端急尖或钝，基部渐狭，具关节，粉绿色或稍紫红色；枝上部的叶较短，狭卵形至长椭圆形。花两性，团伞花序含 1～5 朵花，腋生，无总花梗；花被 5 深裂，绿色或带紫红色，裂片卵状长圆形，果时增厚，不具附属物；花药宽卵形，长约 0.5 毫米；柱头 2，近锥形，直立。胞果扁球形，果皮膜质，易与种子分离。种子双凸镜状，黑褐色，有光泽，表面有微点纹。

[分布及生境] 海南岛三亚、乐东、东方、万宁、儋州、文昌等地滨海，常见，生长于江河入海口、废弃盐田、红树林缘的空旷沙地，常独立成片生长，有时与海雀稗、双花雀稗、海马齿、海蓬子、盐地鼠尾粟等混生。

[价值] 本种黄酮类化合物含量高，可作为开发为植物源抗氧化剂或功能性食品的潜在资源；叶可食用，也可作饲料。

[参考书目]《中国植物志》《海南植物志》《海南植物物种多样性编目》，*Flora of China*。

叶

胞果

植株

生境

# 82 // 狭叶尖头叶藜
*Chenopodium acuminatum* subsp. *virgatum* (Thunb.) Kitam.

**[分类]** 藜科 Chenopodiaceae
藜属 *Chenogodium* L.

**[形态特征]** 一年生草本，高 20～80 厘米。茎直立，具条棱及绿色色条，有时色条带紫红色，多分枝；枝斜升，较细瘦。叶较狭小，狭卵形、矩圆形乃至披针形，长度显著大于宽度，先端急尖或短渐尖，有短一尖头，基部宽楔形、圆形或近截形，上面无粉，浅绿色，下面多少有粉，灰白色，全缘并具半透明的环边；叶柄长约 1.5～2.5 厘米。花两性，团伞花序于枝上部排列成紧密的或有间断的穗状或穗状圆锥状花序，花序轴（或仅在花间）具圆柱状毛束；花被扁球形，5 深裂，裂片宽卵形，边缘膜质，并有红色或黄色粉粒，果时背面大多增厚并彼此合成五角星形；雄蕊 5。胞果顶基扁，圆形或卵形。种子横生，直径约 1 毫米，黑色，有光泽，表面略具点纹。

**[分布及生境]** 海南琼海滨海有分布，分布于高潮线附近空旷沙地、木麻黄林缘，有时独立小片生长，有时与香附子、蒭雷草、厚藤、单叶蔓荆等混生。

**[价值]** 全草可用于风寒头痛、四肢胀痛，《中国藏药》记载尖头叶藜全草可治疮伤，但其亚种是否具有相似的价值未查阅到相关报道。

**[参考书目]** 《中国植物志》，《海南植物志》，《海南植物物种多样性编目》，*Flora of China*。

团伞花序

植株               团伞花序

生境

# 83 北美海蓬子

*Salicornia bigelovii* Torr.

（别名：毕氏海蓬子、背齐罗比、海芦笋、海蓬子）

[分类] 藜科 Chenopodiaceae
盐角草属 *Salicornia* L.

[形态特征] 一年生双子叶草本植物，高 10～20 厘米。茎直立，分枝对生，肉质，具节，呈绿色，植株成熟后常发红色。叶退化，几乎不发育，呈鳞片状，基部连合成鞘状，边缘膜质，顶端突尖较厚。穗状花序，花腋生，每 1 苞片内有 3 朵花，集成 1 簇，花极度陷入花序轴内，呈三角形排列，中间的花较大，位于上部，两侧的花较小，位于下部；两性花，雌蕊 1 枚，雄蕊 2 枚，稀有 1 枚，花被与子房离生。胞果卵形，果皮膜质；种子直立，卵形至长圆状卵形，种皮近革质，有钩状刺毛，种子成熟时易脱落；胚马蹄形，无胚乳。

[分布及生境] 北美海蓬子原产北美温带及亚热带地区的海滨及内陆盐沼中，20 世纪 90 年代由某育种公司引入海南岛，此后在海南岛滨海逸为野生，主要生长于废弃盐田，有时独立成片生长，有时与海马齿、盐地鼠尾粟、补血草、南方碱蓬等混生。

[价值] 北美海蓬子是一种优质海水蔬菜，其蛋白质含量特别高，尤其氨基酸比一般的海水蔬菜高两倍，维生素、微量元素含量都很丰富；北美海蓬子种子含油量高，种子油中亚油酸含量超过大豆的两倍，是一种优质油料作物；另外，北美海蓬子还具有降血脂的功效。北美海蓬子已广泛用于盐碱地的综合改良，还可作为饲料作物资源，提炼钠盐等化学品的原料。

[参考文献]

[1] 唐文忠，李华林，李莉等. 北美海蓬子在广西引种试验. 广西热带农业，2003：7-9

[2] 欧继昌. 海蓬子海水农业生态工程的构建. 热带农业工程，2001：23-25

[3] 崔世友，缪亚梅，谈峰. 沿海滩涂耐盐(海水)植物的研究与开发. 湖北农学院学报，2002：555-559

[4] 洪立洲，丁海荣，杨智青等. 盐生植物海蓬子的研究进展及前景展望. 江西农业科学，2008，20(7)：46-48

[5] William H. Emory. *Salicornia bigelovii*. Report on the United States and Mexican boundary survey, 1859, 2(1): 184

植株

生境

# ◇龙舌兰科

## 84 / 剑 麻 （别名：菠萝麻、西纱尔麻）

*Agave sisalana* Perrine ex Engelm.

[分类] 龙舌兰科 Agavaceae
  龙舌兰属 *Agave* L.

[形态特征] 多年生草本植物。茎粗短。叶呈莲座
  式排列，叶刚直，肉质，剑形，初被白霜，后
  渐脱落而呈深蓝绿色，长约 1～2 米，中部最
  宽约 10～15 厘米，表面凹，背面凸，叶缘无
  刺或偶而具刺，顶端有 1 硬尖刺，刺红褐色，
  长 2～3 厘米。圆锥花序粗壮，高可达 6 米；
  花黄绿色，有浓烈的气味；花梗长约 5～10 毫
  米；花被管长约 1.5～2.5 厘米，花被裂片卵
  状披针形，长约 1.2～2 厘米，基部宽约 6～8
  毫米；雄蕊 6，着生于花被裂片基部，花丝黄
  色，丁字形着生；子房长圆形，长约 3 厘米，
  子房下位，3 室，胚珠多数，花柱线形，长约
  6～7 厘米，柱头稍膨大，3 裂。蒴果长圆形，
  长约 6 厘米，宽约 2～2.5 厘米。

[分布及生境] 原产墨西哥，我国引种栽培，目前
  有大量逸为野生，海南岛全岛滨海有分布，生
  长于滨海村旁路边的干旱沙地、椰树林缘、木
  麻黄林缘，常独立成片生长，也有和厚藤、盐
  地鼠尾粟、天门冬、阔苞菊、滨豇豆、海刀豆
  等滨海植物混生。

[价值] 味甘、辛，性凉，具有凉血止血，消肿解
  毒的功效，主治肺痨咯血，衄血，便血，痢
  疾，痈疮肿毒，痔疮；植株含甾体皂苷元，是
  制药工业的重要原料；叶片含丰富的纤维，广
  泛用于渔业、航海、工矿、运输、油田等事业
  上，也用于编织地毯、工艺品等生活用品上；
  根富含淀粉，可以用于酿造龙舌兰酒；常年浓
  绿，花、叶皆美，树态奇特，数株成丛，高低
  不一，叶形如剑，开花时花茎高耸挺立，花色
  洁白，繁多的白花下垂如铃，姿态优美，花期
  持久，幽香宜人，是良好的庭园观赏树木，常
  植于花坛中央、建筑前、草坪中、池畔、台
  坡、建筑物、路旁及绿篱等地方用于观赏；是
  良好的鲜切花材料。

[参考书目]《中国植物志》,《海南植物志》, *Flora of
  China*,《海南植物物种多样性编目》。

珠芽

植株

生境

# ◇落葵科

## 85 // 落 葵
*Basella alba* L.

（别名：蔠葵、蘩露、藤菜、胭脂豆、木耳菜、潺菜、豆腐菜、紫葵、胭脂菜、蒿芭菜、染绛子）

[分类] 落葵科 Basellaceae
　　　落葵属 *Basella* L.

[形态特征] 一年生缠绕草本。全株肉质、光滑无毛，茎长达数米，绿色或略带紫红色，分枝明显。单叶互生，叶柄上面有凹槽，长 1～3 厘米，叶片卵形或近圆形，长 3～9 厘米，宽 2～8 厘米，先端渐尖，基部心形或圆形，下延成柄，全缘，叶脉在叶背面微凸。穗状花序腋生或顶生，长 3～20 厘米；苞片极小，早落；小苞片 2，萼状，长圆形，长约 5 毫米，宿存；花无梗，花瓣 5，花被片淡红色或淡紫色，下部白色，卵状长圆形，全缘，顶端钝圆，内摺，连合成筒；雄蕊 5 个，与花瓣对生，着生于花被筒口，花丝短，基部扁宽，白色，花药淡黄色；花柱 3，基部合生，柱头椭圆形，柱头具多数小颗粒突起。果实球形，直径 5～6 毫米，红色至深红色或黑色，多汁液，外包宿存肉质萼片片及花被；种子近球形。

[分布及生境] 原产亚洲热带地区，我国各省区多有种植，在南方有逸为野生，海南岛三亚、乐东、万宁、儋州滨海有零星分布，生长于滨海村旁、路边的潮湿沙地上，常与虎掌藤、鸡屎藤等藤本植物混生，缠绕于苦林盘等灌木丛上。

[价值] 味甘、酸，性寒，具有清热、滑肠、凉血解毒的功效，用于大便秘结、小便短涩、痢疾、便血、斑疹、疔疮；其营养价值很高，以幼苗、嫩茎、嫩叶芽梢供食，食用口感鲜嫩软滑，可炒食、烫食、凉拌，但脾冷人不可食，孕妇忌服。

[参考书目]《中国植物志》,《海南植物志》,《海南植物物种多样性编目》,*Flora of China*。

| 花序 | 果 | 果 |

植株

生境

◇萝藦科

**86** 海南杯冠藤

Cynanchum insulanum (Hance) Hemsl.

[分类] 萝藦科 Asclepiadaceae
　　　鹅绒藤属 Cynanchum L.

[形态特征] 柔弱草质藤本，全株无毛。叶对生，长圆状戟形至三角状披针形，长约 2～3.5 厘米，宽约 0.5～1.5 厘米；侧脉 5 对；叶柄约 1 厘米。伞形聚伞花序腋生，着生花数朵；花萼 5 深裂，内面基部有腺体 5 个，裂片长圆形；花冠绿白色，裂片长圆形；副花冠杯状，薄膜质，顶端 10 浅裂，裂片顶端钝形；花粉块长圆形，下垂；花药近四方形；柱头全缘。蓇葖果单生，长披针形，长约 4.5～5 厘米。种子长圆形，长约 3 毫米；种毛白色绢质。

[分布及生境] 海南岛昌江、乐东、临高滨海有分布，生长于废弃盐田埂草坡、木麻黄林下，与香附子、土牛膝、一点红、蛇婆子、假马鞭、匐枝栓果菊、盐地鼠尾粟、老鼠芳等混生。

[价值] 目前未查阅到其应用方面的研究报道。

[参考书目]《中国植物志》,《海南植物志》, Flora of China,《海南植物物种多样性编目》。

果　　　　　　　　　　　　花

植株

生境

# 87 肉 珊 瑚 (别名：无叶藤、珊瑚、铁珊)

*Sarcostemma acidum* (Roxb.) Voigt

[分类] 萝摩科 Asclepiadaceae
肉珊瑚属 *Sarcostemma* R. Br.

[形态特征] 无叶藤本，绕生在树上，具乳汁。枝绿色或草绿色，无毛，直径约3毫米，生花的节略粗壮。聚伞花序伞形状，顶生及腋生，无总花梗，着花6～15朵，长约1厘米；花梗长3～5毫米，被微毛；小苞片长圆状披针形；花萼5裂，裂片卵圆形，外面被微柔毛，边缘透明，花萼内面基部有5个小腺体；花冠白色或淡黄色，近辐状，花冠筒极短，花冠5裂片，卵状长圆形或长圆状披针形，顶端略钝；副花冠双轮，着生于合蕊冠上，外轮成环状或杯状，膜质，顶端截平或短5裂，内轮为5裂片，远比外轮为长，裂片扁平，长圆状，基部被外轮的副花冠所包围；花药顶端的膜片直立；花粉块下垂，基部弯；柱头短圆锥状，平头。蓇葖披针状圆柱形，长约15厘米，直径约1厘米，外果皮薄而平滑。种子阔卵形，扁平，顶端具白色绢质种毛；种毛长约2厘米。

[分布及生境] 热带红树林和海岸林确限种，在海南东方、昌江、万宁、儋州、临高滨海有分布，缠生于滨海灌木、乔木上，如鹊肾树。

[价值] 全株入药，味涩，性温，具有敛肺止咳、养血通乳的功效，用于久咳虚喘、气虚血弱、乳汁缺少。

[参考书目] 《中国植物志》，《海南植物志》，*Flora o. China*，《海南植物物种多样性编目》。

花　　　　　　　　　　　　　　果

植株

生境

# ◇马鞭草科

## 88 过江藤

（别名：蓬莱草、苦舌草、水马齿苋、鸭脚板、铜锤草、大二郎箭、虾子草、水黄芹、过江龙）

*Phyla nodiflora* (L.) Greene

[分类] 马鞭草科 Verbenaceae
过江藤属 *Phyla* Lour.

[形态特征] 多年生匍匐草本。具木质宿根，分枝多，节上易生根。单叶对生，近无柄，叶片匙形，倒卵形至倒卵状披针形，长 1～3 厘米，宽 0.5～1.5 厘米，基部狭楔形，叶缘中部以上有锐锯齿，先端钝或近圆形，两面均被毛。穗状花序腋生，长 0.5～3 厘米，宽约 0.6 厘米，圆柱形或卵形，具有长 1～7 厘米的花序梗；苞片宽倒卵形，宽约 3 毫米；花萼膜质，通常 2 裂，长约 2 毫米；花冠白色、粉红色至紫红色；雄蕊 4 枚，着生于花冠管的中部，短于花冠。果实淡黄色，长约 1.5 毫米，内藏于花萼内，成熟时分裂为 2 个小坚果。

[分布及生境] 海南全岛滨海，常分布于滨海空旷沙地、草坡、鱼虾塘埂上；过江藤有时独立成片生长，常与铺地黍、海雀稗、阔苞菊、龙爪茅、白花鬼针草、香附子、厚藤等混生。

[价值] 全草入药，味微苦、辛，性平，具有破瘀生新，通利小便，行血散结，消积止痛的功效；可治咳嗽、吐血、通淋、痢疾、牙痛、疔毒、枕痛、带状疱疹、跌打损伤、急性扁桃体炎、痈疽疔毒、慢性湿疹等，但孕妇忌服。

[参考书目]《中国植物志》,《全国中草药汇编》,《海南植物物种多样性编目》,*Flora of China*。

花序

植株

生境

# 89 假马鞭 （别名：假败酱、倒团蛇、玉龙鞭、大种马鞭草、大蓝草）

*Stachytarpheta jamaicensis* (L.) Vahl

[分类] 马鞭草科 Verbenaceae

假马鞭属 *Stachytarpheta* Vahl

[形态特征] 多年生草本，高 0.6～2 米。基部木质化，幼枝近四方形，疏生短毛。叶对生，有叶柄，叶片厚纸质，椭圆形至卵状椭圆形，边缘有粗锯齿，先端急尖，基部楔形，两面均散生短毛，侧脉 3～5，于背面突起。穗状花序顶生，长约 10～30 厘米；花单生于苞腋内，一半嵌生于花序轴的凹穴中，螺旋状着生；苞片边缘膜质，有纤毛，先端有芒尖；花萼管状，膜质，顶端有 4～5 齿；花冠深蓝色或淡紫色，顶端 5 裂，裂片平展；雄蕊 2，花丝短，花药 2 裂；花柱伸出，柱头头状；子房无毛。果内藏于膜质的花萼内，成熟后 2 瓣裂，每瓣有 1 粒种子。

[分布及生境] 海南滨海常见，分布于滨海村旁、路边，鱼虾塘埂上，常与厚藤、土牛膝、盐地鼠尾粟、黄花稔、海刀豆、铺地黍、单叶蔓荆等混生。

[价值] 海南滨海常见，分布于滨海村旁、路边，鱼虾塘埂上，常与厚藤、土牛膝、盐地鼠尾粟、黄花稔、海刀豆、铺地黍、单叶蔓荆等混生。

[参考书目] 《中国植物志》，《海南植物志》，《海南植物物种多样性编目》，*Flora of China*。

花

叶

花序轴　　　　　　　　　　　　植株

生境

# 90 马缨丹 （别名：五色梅、如意草、五彩花、臭草、七变花）

*Lantana camara* L.

[分类] 马鞭草科 Verbenaceae
马缨丹属 *Lantana* L.

[形态特征] 直立或蔓性灌木，高1～2米，有时藤状，长可达4米。茎枝均呈四方形，有短柔毛，通常有短而倒钩状刺。单叶对生，揉烂后有强烈的气味，叶片卵形至卵状长圆形，长3～8.5厘米，宽1.5～5厘米，顶端急尖或渐尖，基部心形或楔形，边缘有钝齿，表面有粗糙的皱纹和短柔毛，背面有小刚毛，侧脉约5对；叶柄长约1厘米。花序直径1.5～2.5厘米；花序梗粗壮，长于叶柄；苞片披针形，长为花萼的1～3倍，外部有粗毛；花萼管状，膜质，长约1.5毫米，顶端有极短的齿；花冠黄色或橙黄色，开花后不久转为深红色，花冠管长约1厘米，两面有细短毛，直径4～6毫米；子房无毛。浆果圆球形，直径约4毫米，绿色，成熟时变为紫黑色。

[分布及生境] 原产美洲热带地区，目前在海南岛全岛滨海地区有分布，生长于滨海村旁、路边及高潮线附近，常与望江南、飞机草、厚藤、滨刀豆、盐地鼠尾栗等混生，也有独立成片生长成为优势种群的。

[价值] 味苦，性寒，根、叶、花作药用，有清热解毒、散结止痛、祛风止痒的功效，用于疟疾、肺结核、颈淋巴结核、腮腺炎、胃痛、风湿骨痛等；该种抗逆性强，花色多彩艳丽，观花期长，绿树繁花，可植于公园、庭院作花篱、花丛，也可于道路两侧、旷野形成绿化覆盖植被，盆栽可置于门前、居室等处观赏，亦可组成花坛。

[参考书目] 《中国植物志》，《海南植物志》，《海南植物物种多样性编目》，*Flora of China*。

花序          果

植株

生境

# ◇马齿苋科

## 91 // 马齿苋
*Portulaca oleracea* L.

（别名：马苋、五行草、长命菜、五方草、瓜子菜、麻绳菜、马齿草、马苋菜、蚂蚱菜、马齿苋、瓜米菜、马蛇子菜、蚂蚁菜、猪母菜、瓠子菜、狮岳菜、酸菜、五行菜、猪肥菜）

[分类] 马齿苋科 Portulacaceae
马齿苋属 *Portulaca* L.

[形态特征] 一年生草本，全株无毛。茎平卧或斜倚，伏地铺散，多分枝，枝圆柱形，长 10～15 厘米，淡绿色或带暗红色。叶互生，有时近对生，叶片扁平，肥厚多汁，倒卵形，似马齿状，长 1～3 厘米，宽 0.6～1.5 厘米，顶端圆钝或平截，有时微凹，基部楔形，全缘，上面暗绿色，下面淡绿色或带暗红色，中脉微隆起；叶柄粗短。花无梗，花常 3～5 朵簇生枝端；苞片 2～6，叶状，膜质，近轮生；萼片 2，对生，绿色，盔形，左右压扁，长约 4 毫米，顶端急尖，背部具龙骨状凸起，基部合生；花瓣 5，黄色，倒卵形，长 3～5 毫米，顶端微凹，基部合生；雄蕊通常 8 或更多，花药黄色；子房无毛，花柱比雄蕊稍长，柱头 4～6 裂，线形。蒴果卵球形，长约 5 毫米，盖裂；种子细小，多数偏斜球形，黑褐色，有光泽，具小疣状凸起。

[分布及生境] 海南岛滨海地区，分布于滨海空旷沙地、路旁、鱼虾塘埂上，有时与牛筋草、刺苋、匍枝栓果菊、番杏、厚藤等混生。

[价值] 全草供药用，具有清热利湿、解毒消肿、消炎、止渴、利尿的功效；种子具有明目功效；可作兽药、农药、饲料；嫩茎叶可作蔬菜。

[参考书目]《中国植物志》,《海南植物志》,《海南植物物种多样性编目》, *Flora of China*。

花　　　　　　　　　　　　花序及苞片

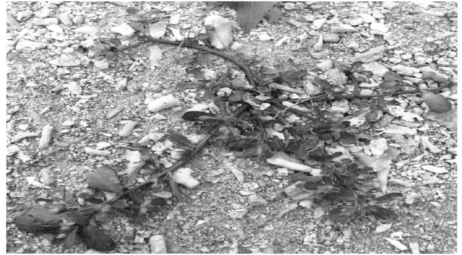

植株

生境

# 92 // 毛马齿苋 （别名：半枝莲、多毛马齿苋、禾雀舌）

*Portulaca pilosa* L.

[分类] 马齿苋科 Portulacaceae
马齿苋属 *Portulaca* L.

[形态特征] 一年生或多年生草本，高5～20厘米。茎密丛生，铺散，多分枝。叶互生，叶片近圆柱状线形或钻状狭披针形，长1～2厘米，宽1～4毫米，腋内有长疏柔毛，茎上部较密。花直径约2厘米，无梗，围以6～9片轮生叶，密生长柔毛；萼片长圆形，渐尖或急尖；花瓣5，膜质，红紫色，宽倒卵形，顶端钝或微凹，有凸尖，基部合生；雄蕊20～30，花丝洋红色，基部不连合；花柱短，柱头3～6裂。蒴果卵球形，蜡黄色，有光泽，盖裂。种子小，深褐黑色，有小瘤体。

[分布及生境] 海南滨海，较常见，分布于滨海空旷沙地、草坡、木麻黄林下，有时与刺苋、叶下珠、叶苋、厚藤、粟米草等混生。

[价值] 在广东用作刀伤药，将叶片捣烂敷于伤处。

[参考书目]《中国植物志》,《海南植物志》,《海南植物物种多样性编目》, *Flora of China*。

花

蒴果

植株

生境

# 93 沙生马齿苋

*Portulaca psammotropha* Hance

[分类] 马齿苋科 Portulacaceae
马齿苋属 *Portulaca* L.

[形态特征] 多年生、铺散草本，高5～10厘米。根肉质，粗4～8毫米。茎肉质，直径1～1.5毫米，基部分枝。叶互生，叶片扁平，稍肉质，倒卵形、线状匙、披针形，长5～20毫米，宽2～6毫米，顶端钝，基部渐狭成扁平、淡黄色的短柄，干时有白色小点，叶腋有长柔毛。花小，无梗，黄色或淡黄色，单个顶生，围以4～6片轮生叶；花瓣5，膜质，黄色，花瓣椭圆形、宽倒卵形，顶端钝或微凹；萼片2，卵状三角形，具纤细脉；雄蕊20～30枚，花丝淡黄色，基部不连合；花柱顶部扩大呈漏斗状，5裂；子房宽卵形，中部以上有一凸起环纹。蒴果宽卵形，扁压，下半部灰色，上部稻秆黄色，有光泽，盖裂。种子小，多数，黑色，圆肾形。

[分布及生境] 我国特有种，在海南三亚、乐东滨海有分布，少见，生长于滨海空旷干旱沙地上、草坡、木麻黄林缘，与厚藤、蛇婆子、毛马齿苋、香附子等混生。

[价值] 该种抗逆能力强、耐盐、耐干旱、耐高温，花淡雅，花期长，可作为热带滨海园林观赏植物。

[参考书目]《中国植物志》,《海南植物志》, *Flora of China*。

花

蒴果

植株

生境

# 94 四瓣马齿苋 （别名：四裂马齿苋）

*Portulaca quadrifida* L.

[分类] 马齿苋科 Portulacaceae
马齿苋属 *Portulaca* L.

[形态特征] 一年生、柔弱、肉质草本。茎匍匐，节上生根。叶对生，扁平，肉质；叶有短柄或无；叶片卵形、倒卵形或卵状椭圆形，长 4～8 毫米，宽 2～5 毫米，顶端钝或急尖，向基部稍狭，腋间具开展的疏长柔毛。花小，单生枝端，围以 4～5 片轮生叶和白色长柔毛；萼片膜质，倒卵状长圆形，长 2.5～3 毫米，有脉纹；花瓣 4 枚，黄色，长 3～6 毫米，长圆形或宽椭圆形，顶端圆，具短尖，基部合生；雄蕊 8～10 枚；子房卵圆形，有长柔毛，柱头 3～4 裂。蒴果黄色，球形，直径约 2.5 毫米，果皮膜质。种子小，黑色，近球形，侧扁，有小瘤体。

[分布及生境] 海南岛临高县滨海有分布，少见。有的生长于滨海防波堤旁的木麻黄林下沙地或石缝间，也有的生长于废弃盐田埂边上，常单种小面积成片生长。

[价值] 全草入药，有止痢杀菌作用，可用于治疗肠炎、腹泻、内痔出血。

[参考书目] 《中国植物志》,《海南植物志》, *Flora of China*,《海南植物物种多样性编目》。

花

轮生叶及长毛

植株

生境

# ◇葡萄科

## 95 三叶崖爬藤
（别名：丝线吊金钟、蛇附子、三叶青、石老鼠、石猴子）

*Tetrastigma hemsleyanum* Diels & Gilg

[分类] 葡萄科 Vitaceae

崖爬藤属 *Tetrastigma*（Miq.）Planch.

[形态特征] 草质藤本。小枝纤细，有纵棱纹，无毛或被疏柔毛。卷须不分枝，相隔2节间与叶对生。叶为3小叶，小叶披针形、长椭圆披针形或卵披针形，长约3～10厘米，宽约1.5～3厘米，顶端渐尖，稀急尖，基部楔形或圆形，侧生小叶基部不对称，近圆形，边缘每侧有4～6个锯齿，上面绿色，下面浅绿色，两面均无毛；侧脉5～6对，网脉两面不明显；叶柄长2～7.5厘米，中央小叶柄长0.5～1.8厘米，侧生小叶柄较短，无毛或被疏柔毛。花序腋生，长1～5厘米，下部有节，节上有苞片，有的花序假顶生，基部无节和苞片，二级分枝通常4，集生成伞形，花二歧状着生在分枝末端；花序梗长约1.2～2.5厘米，被短柔毛；花梗长约1～2.5毫米，通常被灰色短柔毛；花蕾卵圆形，顶端圆形；萼碟形，萼齿细小，卵状三角形；花瓣4枚，卵圆形，顶端有小角，外展，无毛；雄蕊4，花药黄色；花盘明显，4浅裂；子房陷在花盘中呈短圆锥状，花柱短，柱头4裂。果实近球形或倒卵球形，直径约0.6厘米，有种子1颗。种子倒卵椭圆形，顶端微凹，基部圆钝，表面光滑，种脐在种子背面中部向上呈椭圆形，腹面两侧洼穴呈沟状，从下部近1/4处向上斜展直达种子顶端。

[分布及生境] 海南岛琼海、万宁、陵水、东方、昌江、儋州、临高等地滨海有分布，主要生长于滨海椰树林下或林缘的空旷沙地，与天门冬、鸡屎藤、李花蟛蜞菊、马缨丹等攀缘植物混生，也有单独成片匍匐生长的。

[价值] 全草入药，味微苦、辛，性凉，具有清热解毒、活血祛风、活血散瘀、解毒、化痰的功效，用于高热惊厥、肺炎、哮喘、肝炎、风湿、月经不调、咽痛、瘰疬、痈疔疮疖、跌打损伤；临床上用于治疗病毒性脑膜炎、乙型脑炎、病毒性肺炎、黄胆性肝炎等，特别是块茎对小儿高烧有特效。

[参考书目]《中国植物志》,《海南植物志》,《中国高等植物图鉴》,*Flora of China*,《海南植物物种多样性编目》。

叶

果

叶

果

植株

生境

# ◇茜草科

**96** **长管糙叶丰花草** (别名：糙叶丰花草、铺地毡草、鸭舌癀)

*Spermacoce articularis* L. f.

**[分类]** 茜草科 Rubiaceae
丰花草属 *Spermacoce* L.

**[形态特征]** 为平卧草本，被粗毛。枝四棱柱形，棱上具粗毛，节间延长。叶革质，长圆形，倒卵形或匙形，长1～3厘米，宽5～15毫米，顶端短尖、钝或圆形，基部楔形而下延，边缘粗糙或具缘毛，干时常背卷；侧脉每边约3条，不明显；叶柄长1～4毫米，扁平；托叶膜质，被粗毛，顶部有数条长于鞘的刺毛。花4～6朵聚生于托叶鞘内，无梗；小苞片线形，透明，长于花萼；萼管圆筒形，长2～3毫米，被粗毛，萼檐4裂，裂片线状披针形，长1～1.5毫米，外弯，顶端急尖；花冠淡红色或白色，漏斗形，管长4～4.5毫米，顶部4裂，裂片长圆形；花丝长约1毫米，花药长圆形，长0.75毫米。蒴果椭圆形，被粗毛，成熟时从顶部纵裂，隔膜不脱落。种子近椭圆形，两端钝，干后黑褐色，无光泽，有小颗粒。

**[分布及生境]** 海南滨海，常见，分布于滨海空旷沙地上或草坡，常与旱田草、黄细心、匍匐大戟、矮扁莎、毛异花草、饭包草等混生。

**[价值]** 目前被视为杂草，未查阅到其应用方面的相关研究报道。

**[参考书目]** 《中国植物志》,《海南植物志》,*Flora of China*,《海南植物物种多样性编目》。

花

植株

生境

# 97 丰花草 （别名：长叶鸭舌癀、波利亚草）

*Spermacoce pusilla* Wall.

[分类] 茜草科 Rubiaceae
丰花草属 *Spermacoce* L.

[形态特征] 直立、纤细草本，高 15~60 厘米。茎单生，很少分枝，四棱柱形，粗糙，棱上被毛，节间延长。叶对生，革质，近无柄，条形、披针状条形或线状长圆形，长 2.5~5 厘米，宽 2.5~6 毫米，顶端渐尖，基部渐狭，干时边缘卷缩，两面及边缘均粗糙，侧脉极不明显；托叶与叶柄合生，托叶近无毛，顶有数条棕红色长刺毛。花多朵丛生成球状生于托叶鞘内，无梗，白色，顶部 4 裂，裂片线状披针形，顶端略红；小苞片线状，透明，长于花萼；花萼长约 1 毫米，基部无毛，上部被毛；花药长圆形，花柱纤细，长约 2.5 毫米，柱头扁球形，粗糙。蒴果长圆状或近倒卵状，长约 2 毫米，近顶部被毛，成熟时从顶部开裂至基部。种子 2 颗，狭长圆形，一端具小尖头，一端钝，干后褐色，具光泽并具横纹。

[分布及生境] 海南滨海，分布于滨海村旁、路边林缘、草坡，与珠子草、香附子、醴肠、铺地黍、马唐、含羞草、水蜈蚣等植物混生。

[价值] 味苦，性凉。具有活血祛瘀、消肿解毒功效；用于治跌打损伤、骨折、痈疽肿毒、毒蛇咬伤。

[参考书目]《中华本草》,《中国植物志》,《海南植物志》, *Flora of China*,《海南植物物种多样性编目》。

花序

植株

生境

# 98 墨苜蓿
*Richardia scabra* L.

[分类] 茜草科 Rubiaceae
墨苜蓿属 *Richardia* L.

[形态特征] 一年生匍匐或近直立草本，长可达 80
厘米，有的更长。茎近圆柱形，被硬毛，节上
无不定根，疏分枝。叶厚纸质，卵形、椭圆形
或披针形，长约 1～5 厘米，有的更长，顶端
通常短尖，钝头，基部渐狭，两面粗糙，边上
有缘毛；叶柄长约 5～10 毫米；托叶鞘状，顶
部截平，边缘有数条长约 2～5 毫米的刚毛。
头状花序有花多朵，顶生，几无总梗，总梗顶
端有 1 或 2 对叶状总苞，总苞片阔卵形；萼长
约 3 毫米，萼管顶部缢缩，萼裂片披针形或狭
披针形，长约萼管的 2 倍，被缘毛；花冠白
色，漏斗状或高脚碟状，里面基部有一环白色
长毛，裂片 6，盛开时星状展开，偶有薰衣草
的气味；雄蕊 6，伸出或不伸出；子房通常有
3 心皮，柱头头状，3 裂；分果瓣 3～6，长圆
形至倒卵形，背部密覆小乳凸和糙伏毛，腹面
有一条狭沟槽，基部微凹。

[分布及生境] 原产热带美洲，约在 20 世纪 80 年
代传入我国南部，最早见于香港。现在为海南
岛滨海常见杂草，生长于滨海空旷沙地上，在
高潮线附近的潮间带也偶有生长，与厚藤、龙
爪茅、匍枝栓果菊、无茎粟米草、黄细心、铺
地粟、小飞蓬草等混生。

[价值] 目前未查阅到相关应用方面的研究报道。

[参考书目] 《中国植物志》，*Flora of China*，《海南
植物物种多样性编目》。

花

植株

生境

# ◇茄 科

**99** / 洋金花 （别名：白曼陀罗、白花曼陀罗、风茄花、喇叭花、闹羊花、枫茄子、枫茄花、狗核桃）

*Datura metel* L.

**[分类]** 茄科 Solanaceae
曼陀罗属 *Datura* L.

**[形态特征]** 一年生直立半灌木状草本，高约 0.5～1.5 米，全体近无毛。茎直立，圆柱形，茎基部稍木质化，上部呈"义"状分枝。叶互生，上部的叶近于对生；叶卵形或广卵形，顶端渐尖，基部不对称圆形、截形或楔形，长 5～20 厘米，宽 4～15 厘米，边缘有不规则的短齿或浅裂、或者全缘而波状，侧脉每边 4～6 条，叶脉背面隆起；叶柄长 2～6 厘米，表面被疏短毛。花单生于枝杈间或叶腋，花梗花梗短，直立或斜伸，毛长约 1 厘米，被白色短柔毛；花萼筒状，长 4～9 厘米，直径约 2 厘米，裂片狭三角形或披针形，果时宿存部分增大成浅盘状；花冠长漏斗状，长 14～20 厘米，檐部直径 6～10 厘米，筒中部之下较细，向上扩大呈喇叭状，裂片顶端有小尖头，白色、黄色或浅紫色，单瓣；雄蕊 5，花药长约 1.2 厘米；子房疏生短刺毛，花柱长 11～16 厘米。蒴果近球状或扁球状，疏生粗短刺，直径约 3 厘米，不规则 4 瓣裂。种子淡褐色，宽约 3 毫米。

**[分布及生境]** 海南滨海，分布于滨海空旷沙地、路边、草坡、滨海村落周围、鱼虾塘埂上。紫色洋金花只在莺歌海有分布。能与多种植物混生如盐地鼠尾粟、蓖麻、铺地黍、匐枝栓果菊、牛茄瓜、狗牙根、假马鞭草、土牛膝、黄细心、黄花稔等。

**[价值]** 全株有毒，而以种子最毒；主要以花入药性温，味辛，具有平顺止咳、麻醉止痛、解痉止搐的功效，用于治哮喘咳嗽、脘腹冷育、风湿痹痛、癫痫、惊风、外科麻醉；亦可作为观赏花卉。

**[参考书目]** 《中国植物志》，《中国药典》，*Flora of China*，《海南植物物种多样性编目》。

花　　　　　　　　　　　　　　　果

植株

生境

# 100 // 野 茄 （别名：丁茄、颠茄树、牛茄子、衫钮果、黄天茄）
*Solanum undatum* Lam.

[分类] 茄科 Solanaceae
　　　 茄属 *Solanum* L.

[形态特征] 直立草本至亚灌木，高约 0.5～2 米。小枝、叶背、叶柄、花序密被灰褐色星状绒毛。小枝圆柱形，褐色，幼时密被星状毛（渐老则逐渐脱落）及皮刺，皮刺土黄色，先端微弯，基部宽扁，长约 2～4 毫米，基部宽约 3 毫米。上部叶常假双生，不相等；叶卵形至卵状椭圆形，长 5～14.5 厘米，宽 4～7 厘米，先端渐尖，急尖或钝，基部不等形，多少偏斜，圆形，截形或近心脏形，边缘浅波状圆裂，裂片通常 5～7，上面尘土状灰绿色，密被星状绒毛，下面灰绿色，被星状绒毛；中脉在下面凸出，在两面均具细直刺，侧脉每边 3～4 条，在两面均具细直刺或无刺；叶柄长约 1～3 厘米，密被星状绒毛及直刺，后来星状绒毛逐渐脱落。蝎尾状花序腋生，长约 2.5 厘米，总花梗短或近于无，能孕花单生于花序的基部，有时有细直刺，花后下垂；不孕花蝎尾状，与能孕花并出，排列于花序的上端；能孕花较大，萼钟形，外面密被星状绒毛及细直刺，内面仅裂片先端被星状绒毛，萼片 5，三角状披针形，先端渐尖，基部宽，花冠辐状，星形，紫蓝色，花冠筒长 3 毫米，冠檐长 1.5 厘米，5 裂，裂片宽三角形，以薄而无毛的花瓣间膜相连接，外面在裂片的中央部分被星状绒毛，内面仅上部被较稀疏的星状绒毛；花丝无毛，花药椭圆状，基部椭圆形到先端渐狭，顶孔向上；柱头头状。浆果球状，无毛，直径约 2～3 厘米，成熟时黄色，果柄长约 2.5 厘米，顶端膨大。种子扁圆形。

[分布及生境] 海南滨海，分布于滨海空旷沙地、林缘、草坡、废弃滨海盐田埂上，有时与南方碱蓬、苦林盘、补血草、光梗阔苞菊、铺地粟、香附子、盐地鼠尾粟、狗牙根、沙地叶下珠等混生。

[价值] 全草入药，性平，味苦、麻、辣，具有清热解毒、降逆止呕、杀虫止痒的功效，用于治疗小儿高烧惊厥、甲沟炎、呕吐、癣。

[参考书目]《海南植物物种多样性编目》,《中国植物志》,*Flora of China*,《中华本草》。

花　　　　　　　　　　　　　果

植株

生境

# 101 // 苦蘵

（别名：蘵、黄蘵、蘵草、小苦耽、灯笼草、鬼灯笼、天泡草、爆竹草、劈拍草、响铃草、响泡子）

*Physalis angulata* L.

[分类] 茄科 Solanaceae
　　　酸浆属 *Physalis* L.

[形态特征] 一年生草本，被疏短柔毛或近无毛，高 30～50 厘米。茎多分枝，分枝纤细。叶柄长 1～5 厘米；叶片卵形至卵状椭圆形，长 3～6 厘米，宽 2～4 厘米，先端渐尖或急尖，基部楔形，全缘或有不等大牙齿，两面近无毛。花单生于叶腋，花梗纤细；花萼钟状，5 中裂，裂片披针形；花冠淡黄色，5 浅裂，喉部常有紫斑，长 4～6 毫米，直径 6～8 毫米；雄蕊 5，花药蓝紫色或有时黄色，长约 1.5 毫米。浆果球形、直径约 1.2 厘米，包藏于宿萼之内，成熟后为橙红色，半透明状，可以看到黑色种子，味道甜、苦、酸；宿萼膀胱状，绿色，具棱，棱脊上疏被短柔毛，网脉明显；种子圆盘状，长约 2 毫米。

[分布及生境] 海南岛全岛滨海有零星分布，分布于高潮线附近的村边、路旁、鱼塘埂、空旷沙地、草坡、木麻黄林缘，有时与龙爪茅、鼠尾粟、绒马唐、海马齿、飞扬草、海刀豆、厚藤、孪花蟛蜞菊等混生。

[价值] 味苦、酸，性寒。具有泻火清热、平肝风、敛肺气、补脾肾、利小便、消肿毒的功效，用于治久咳痰血、耳鸣、耳聋、梦遗、慢性肾炎、膀胱炎、肾结石、扁桃腺炎、淋巴腺炎、疔毒、恶疮，另有研究表明苦蘵具较强的抗肝癌作用。

[参考书目] 《中华本草》，《全国中草药汇编》，《中国植物志》，《海南植物物种多样性编目》。

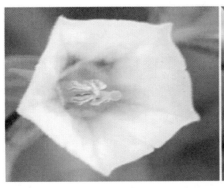

花　　　　　　　　　　　　　　浆果

植株

生境

◇**伞形科**

# 102 // 积雪草

(别名：崩大碗、马蹄草、老鸦碗、铜钱草、大金钱草、钱齿草、铁灯盏、雷公根)

*Centella asiatica* (L.) Urban

[分类] 伞形科 Apiaceae
积雪草属 *Centella* L.

[形态特征] 多年生匍匐草本。茎细长，节上生根。叶片膜质至草质，圆形、肾形或马蹄形，长约1～2.8厘米，宽约1.5～5厘米，边缘有钝锯齿，基部阔心形，两面无毛或在背面脉上疏生柔毛；掌状脉5～7条，两面隆起，脉上部分叉；叶柄长约1.5～27厘米，无毛或上部有柔毛，基部叶鞘透明，膜质。伞形花序头状，2～4个生于叶腋，每花序上有3～6朵无柄小花；花序梗有或无毛；苞片通常2片，少有3片，卵形，膜质，花无柄或有很短的柄；花瓣卵形，紫红色或乳白色，膜质；花柱极短；花丝短于花瓣，约与花柱等长。果实两侧扁压，圆球形，基部心形至半截形，每侧有纵棱数条，棱间有明显的小横脉，网状，表面有毛或平滑。

[分布及生境] 海南岛滨海有分布，生长于滨海空旷湿润沙地上，常独立成片生长，也有与刺蒴麻、马齿苋、墨苜蓿、阔苞菊、厚藤，低矮禾本科植物、蓼科植物等混生。

[价值] 全草入药，味苦、辛，性寒，具有清热解毒、利湿消肿、滋补、消炎、愈合伤口、利尿通便、抗菌、美容、镇定的功效，用于治疗瘰疬、疝腹痛、暑泻、痢疾、湿热黄疸、砂淋、血淋、吐血、咳血、目赤、喉肿、风疹、疥癣、疔痈肿毒、跌打损伤等；另外对麻风病、溃疡也有疗效；对血液净化及免疫力有激活作用；是神经滋补剂，能提高记忆力，可益脑提神、减轻精神疲劳；还可降血压，治疗肝病等，是东方人的长寿药。

[参考书目]《中国植物志》,《中国药用植物志》,《中华本草》,《中国药典》, *Flora of China*,《海南植物物种多样性编目》。

植株 叶

植株

生境

## ◇莎草科

**103** // **矮扁莎**

*Pycreus pumilus* (L.) Nees

[**分类**] 莎草科 Cyperaceae

扁莎属 *Pycreus* P. Beauv.

[**形态特征**] 一年生草本，具须根。秆丛生，高 2～20 厘米，扁三棱形，平滑。叶狭，短于或长于秆，宽约 2 毫米。苞片 3～5 枚，叶状，长于花序，长侧枝聚伞花序简单，具 3～5 个辐射枝，有时紧缩成头状，或辐射枝长达 3 厘米，每一辐射枝具 5～30 余个小穗；小穗长圆形，长 4～15 毫米，宽 1.5～2 毫米，压扁，有 8～30 朵花，少数至 40 朵花；小穗轴直，无翅；鳞片复瓦状紧密排列，膜质，卵形，长 1～1.5 毫米，顶端截形，或有时中间微凹，背面具明显龙骨状突起，绿色，具 3～5 条脉，两侧苍白色或淡黄白色；雄蕊通常 1 或 2 个，花药短，长圆形；花柱中等长，柱头 2，约与花柱等长。小坚果倒卵形或长圆形，双凸状，长约为鳞片的 1/3～1/2，顶端具小短尖，成熟时灰褐色，有微凸起的细点。

[**分布及生境**] 海南岛滨海地区有分布，分布于潮湿的空旷沙地、路边、水沟边，常与牛筋草、铁线草、泥花草、绒马唐、糙叶丰花草、水竹叶、画眉草、水蜈蚣等小型草本植物混生。

[**价值**] 目前还未查阅到其应用方面的研究报道。

[**参考书目**] 《中国植物志》，《广州植物志》，*Flora of China*，《海南植物物种多样性编目》，《海南莎草志》。

花序 叶鞘

植株

生境

# 104 // 多穗扁莎 （别名：多穗扁莎、扁莎、多柱扁莎、细样席草）

*Pycreus polystachyos* (Rottb.) P. Beauv.

[分类] 莎草科 *Cyperaceae*
扁莎属 *Pycreus* P. Beauv.

[形态特征] 多年生草本。有根状茎短，须根多；秆密丛生，高 15～60 厘米，扁三棱形，坚挺，平滑。叶通常较茎短，有时与茎等长，宽 2～4 毫米，平张，或有时折合，稍硬。苞片 4～6 枚，叶状，长于花序或等于花序；复出长侧枝聚伞花序，具 5～8 个伞小穗辐射枝，伞梗长达 3.5 厘米，有时缩短，具多数小穗；小穗排列紧密，近于直立，线形，长 7～18 毫米，宽约 1.5 毫米，有 10～30 朵花，或有时更多；小穗轴稍呈之子形曲折，具狭翅，小穗鳞片密复瓦状排列，膜质，卵状长圆形，长约 2 毫米，背面具 3 条脉，绿色，两侧麦秆色或红棕色，无脉，顶端有时具极短的短尖；雄蕊 2 枚，偶有 3 枚，花药线形；花柱细长，柱头 2。小坚果近于长圆形或卵状长圆形，双凸状，长为鳞片的 1/2，顶端具短尖，表面具微突的细点。

[分布及生境] 海南岛各地滨海有分布，生长于滨海水沟边、潮湿沙地、草坡，与其他莎草科植物、禾本科植物混生。

[价值] 茎、叶纤维可以作为优质的工业原料。

[参考书目] 《中国植物志》，*Flora of China*，《海南植物志》，《海南植物物种多样性编目》，《海南莎草志》。

花序

植株

生境

# 105 // 海滨莎
*Remirea maritima* Aubl.

[分类] 莎草科 Cyperaceae
　　海滨莎属 *Remirea* Aubl.

[形态特征] 多年生草本。匍匐根状茎延伸，上部有时分枝；秆高 5～15 毫米，有纵槽，近三棱柱形，无毛，基部具多数叶。叶革质，披针形或线形，稍短于或等长于茎，宽 4.5～6.5 毫米，叶面中脉下凹，在背面隆起；叶鞘膜质，棕色，闭合。苞片叶状，2～6 枚，长于花序；穗状花序通常 2～7 个成簇，着生于茎的顶端；小穗密聚，纺锤状椭圆形，长约 5 毫米；小穗基的小苞片鳞片状，卵状披针形，顶端急尖，长 3 毫米左右，有明显的中脉和棕色短条纹；鳞片 3 枚，基部 2 枚内无花，卵形，长约 4 毫米，顶端急尖，顶生 1 枚内具两性花，厚而木栓质，长约 3 毫米，顶端凸尖，无脉，有棕色小斑点；雄蕊 3；花柱细长，柱头 3。小坚果圆长椭圆形，三棱形，长约 2.5 毫米，黑棕色，无柄，无毛，具微细的小点。

[分布及生境] 海南万宁、乐东滨海，少见，生长于滨海高潮线附近的潮湿空旷沙地，该种有的单独生长，有的与厚藤、鬷刺、匍枝栓果菊、沙苦荬菜、单叶蔓荆、卤地菊、白茅、假厚藤等混生。

[价值] 目前未查阅到该种应用方面的研究报道。

[参考书目]《中国植物志》《海南莎草志》《Flora of China》《海南植物物种多样性编目》。

植株

叶鞘

匍匐根状茎

生境

# 106 // 绢毛飘拂草

*Fimbristylis sericea* R. Br.

**[分类]** 莎草科 Cyperaceae
飘拂草属 *Fimbristylis* Vahl

**[形态特征]** 多年生草本，植物体各部分被白色绢毛。根状茎延伸，斜升或平行，常向上分枝，外面包着黑褐色枯老的叶鞘。秆散生，高15～30厘米，钝三棱形，具纵槽纹，基部生叶。叶片线形，平张，弯卷，顶端急尖，边缘稍内卷；叶鞘革质，锈色，鞘口斜裂，腹侧膜质，浅棕色，无叶舌。苞片2～3枚，叶状，短于花序；长侧枝聚伞花序简单，有2～5个辐射枝，辐射枝扁；小穗3～15个聚集成头状，小穗长圆状卵形或长圆形，圆柱状，顶端急尖；鳞片卵形，顶端极钝，具短硬尖，中部灰绿色，具1～3条脉，两侧苍白色或浅棕色，边缘白色；雄蕊2～3枚，花药狭长圆形；子房长圆形，双凸状；花柱稍扁，基部略膨大，被微柔毛，柱头2～3枚，略短于花柱。小坚果椭圆状倒卵形或倒卵形，双凸状，幼时黄白色或褐色，成熟时厚灰黑色，平滑或不具明显方形网纹。

**[分布及生境]** 在海南三亚、乐东、东方、陵水、万宁、儋州、文昌、临高、海口等地滨海，主要生长于滨海干旱空旷沙地、草坡，有时独立成片生长成优势种群，常与香附子、白鼓钉、辐射砖子苗、蛇婆子、长春花、茅根等混生。

**[价值]** 新鲜的根状茎有似甘菊（Camomile）的香味，也许可以作为甘菊的代用品。

**[参考书目]** 《中国植物志》，《海南植物志》，*Flora of China*，《海南植物物种多样性编目》，《海南莎草志》。

花序

植株

生境

# 107 // 细叶飘拂草

*Fimbristylis polytrichoides* (Retz.) R. Br.

[**分类**] 莎草科 Cyperaceae
飘拂草属 *Fimbristylis* Vahl

[**形态特征**] 多年生草本，根状茎极短或无，有许多须根。秆密丛生，较细，高约 5～25 厘米，圆柱状，具纵槽，平滑，基部具少数叶。叶短于秆，近灯心草状，直径宽约 1 毫米，平滑，坚挺，顶端急尖，边缘背卷；叶鞘短，黄棕色，草质，腹侧干膜质，无毛。苞片 1 枚，针形，下部扩大，边缘膜质，长 5～12 毫米，长于或短于小穗；小穗单个顶生，椭圆形或长圆形，圆柱状，顶端钝或急尖，长 5～8 毫米，宽 3～3.5 毫米，具 10 朵至多数花；鳞片紧密螺旋状排列，膜质，长圆形，顶端圆，无短尖或具极短的硬尖，长约 3 毫米，中部具 1～3 条绿色的脉，两侧稍带黄褐色；雄蕊 3 枚；花柱细长，稍扁，基部膨大，中部以上具缘毛，柱头 2 枚。小坚果倒卵形，双凸状，长约 1 毫米，成熟后灰黑色，表面具稀疏的疣状突起和横长圆形网纹，基部具暗褐色短柄。

[**分布及生境**] 海南东方、昌江滨海，生长于废弃盐田、空旷潮湿的滨海沙地，常与香附子、粗根茎莎草、盐地鼠尾粟、南方碱蓬、匍枝栓果菊、补血草等混生，有时单独成片生长。

[**价值**] 目前未查阅到细叶飘拂草应用方面的研究报道。

[**参考书目**] 《中国植物志》，《海南植物志》，*Flora of China*，《海南植物物种多样性编目》。

叶鞘 　　　　　　　　　　　　花序

植株

生　境

# 108 /// 锈鳞飘拂草

*Fimbristylis sieboldii* Miq. ex Franch & Sav.

[分类] 莎草科 Cyperaceae
飘拂草属 *Fimbristylis* Vahl

[形态特征] 多年生草本。具木质短根状茎，水平生长；秆丛生，细而坚挺，高 10～65 厘米，扁三棱形，平滑，灰绿色，具纵槽，基部稍膨大，具少数叶；下部的叶仅具叶鞘，而无叶片，鞘灰褐色，上部的叶短，仅为秆的 1/3，线形，顶端钝，宽约 1 毫米。苞片 2～3 枚，叶状，线形，短于或稍长于花序，近于直立，基部稍扩大；长侧枝聚伞花序简单，少有近于复出，具 3～5 个辐射枝，辐射枝短，最长不及 2 厘米；小穗单生于辐射枝顶端，长圆状卵形、长圆形或长圆状披针形，顶端急尖，少有钝的，圆柱状，长约 7～20 毫米，宽约 3 毫米，具多数密生的花；鳞片近于膜质，卵形或椭圆形，顶端钝，具短尖，灰褐色，中部具深棕色条纹，背面具 1 条明显的中肋，上部被灰白色短柔毛，边缘具缘毛；雄蕊 3 枚，花药线形；花柱长而扁平，基部稍宽，具缘毛，柱头 2 枚。小坚果倒卵形或宽倒卵形，扁双凸状，表面近于平滑，成熟时棕色或黑棕色，有很短的柄。

[分布及生境] 海南岛全岛滨海有分布，生长于盐田埂、溪流入海口边、滨海湿地、鱼虾塘边、空旷潮湿沙地，能和多种植物混生，如铺地黍、假马齿苋、水蜈蚣、密穗砖子苗、盐地鼠尾粟、海马齿、虎尾草、香附子、厚藤、海雀稗、空心菜、狼尾草、多枝扁莎等。

[价值] 目前未查阅到相关应用方面的研究报道。

[参考书目] Flora of China,《海南植物物种多样性编目》,《中国植物志》,《海南植物志》,《海南莎草志》。

植株

花序

花序

生境

# 109 // 球柱草 （别名：旗茅、龙爪草、眹莎、秧草、油蔴草）

*Bulbostylis barbata* (Rottb.) C. B. Clarke

[分类] 莎草科 Cyperaceae
　　　球柱草属 *Bulbostylis* Kunth

[形态特征] 一年生草本。秆丛生，纤细，无毛，高 5～25 厘米。叶条形，极细，长 4～8 厘米，宽 0.4～0.8 毫米，边缘稍内卷，顶端渐尖，背面叶脉间疏被微柔毛；叶鞘膜质，边缘有白色长柔毛状缘毛。苞片 2～4 枚，叶状，极细，条形，基部扩大，长 0.5～2.5 厘米；长侧枝聚伞花序头状，有 3 至多个无柄小穗；小穗披针形或卵状披针形，长 3～8 毫米，宽 1～1.5 毫米，顶端急尖，有 7～15 朵花；鳞片膜质，卵形或宽卵形，长 1.5～2 毫米，两侧棕色或黄绿色，顶端有外弯的短尖，被短柔毛或无毛，背面有龙骨状突起，有 3 条脉；雄蕊 1，少有 2 个，花药长圆形，顶端急尖。小坚果倒卵状三棱形，长约 0.8 毫米，宽约 0.5 毫米，白色或淡黄色，表面有四角形至六角形网纹，顶端截形或微凹，具盘状的花柱基。

[分布及生境] 海南岛全岛滨海，常见，生长于滨海空旷沙地，也有分布于滨海桉树林、木麻黄林缘的沙地，有时与蛇婆子、无茎粟米草、龙爪茅等混生。

[价值] 全草入药，味苦，性寒，具有凉血止血的功效，用于治疗出血症、呕血、咯血、衄血、尿血、便血。

[参考书目]《中国植物志》,《海南莎草志》, *Flora of China*,《海南植物物种多样性编目》。

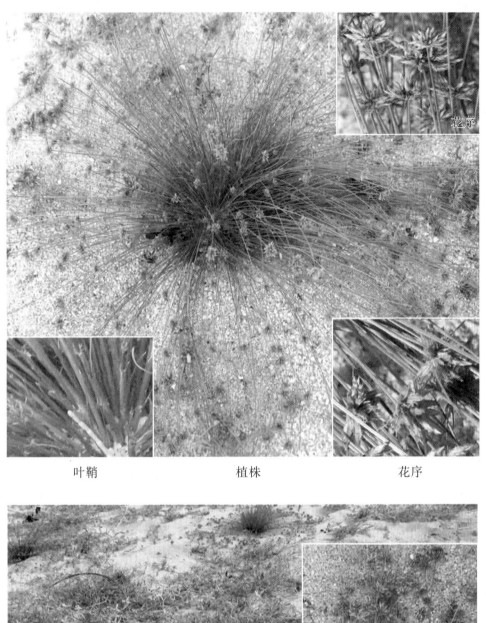

花序

叶鞘　　　　　　植株　　　　　　花序

生境

# 110 // 粗根茎莎草
*Cyperus stoloniferus* Retz.

[分类] 莎草科 Cyperaceae
　　　莎草属 *Cyperus* L.

[形态特征] 多年生草本植物。根状茎长而粗，木
　　质化，具块茎；秆高约 8～20 厘米，钝三棱
　　形，平滑，基部叶鞘通常分裂成纤维状；叶常
　　短于秆，少长于秆，宽约 2～4 毫米，常折合，
　　少平张。叶状苞片 2～3 枚，通常下面 2 枚苞
　　片长于花序；简单长侧枝聚伞花序具有 3～4
　　个辐射枝；辐射枝很短，一般不超过 2 厘米，
　　每个辐射枝具 3～8 个小穗；小穗长圆状披针
　　形或披针形，稍肿胀，具 10～18 朵花；小穗
　　轴具狭的翅；鳞片紧密覆瓦状排列，纸质，宽
　　卵形，顶端急尖或近于钝，土黄色，有时带有
　　红褐色斑块，具 5～7 条脉；雄蕊 3，花药长，
　　线形；柱头 3，具锈色斑点。小坚果椭圆形或
　　倒卵形，近于三棱形，黑褐色。

[分布及生境] 海南岛滨海滩涂有分布，生长于滨
　　海潮湿沙地、江河入海口沙地，有的独立成片
　　生长，有的与香附子、匐枝栓果菊、南方碱
　　蓬、补血草、铺地黍、细叶莎草等成片混生。

[价值] 目前未查阅到其应用方面的研究报道。

[参考书目] 《中国植物志》,《海南植物志》,*Flora o
　　China*,《海南植物物种多样性编目》,《海南莎草
　　志》。

植株

花序

生境

# 111 // 辐射砖子苗 （别名：多花砖子苗）

*Cyperus radians* Nees & Meyen ex Kunth [*Mariscus radians* (Nees & Meyen) Tang & F. T. Wang]

[分类] 莎草科 Cyperaceae
莎草属(砖子苗属)*Cyperus* L. [*Mariscus* Vahl]

[形态特征] 为一年生草本。根状茎短缩；秆丛生，粗短，高可达 5 厘米，平滑，钝三棱形，常为丛生的狭叶所隐藏。叶基生，革质，厚而稍硬，宽 2～7 毫米，基部常向内折合；叶鞘紫褐色。苞片 3～7 枚，叶状，等长或短于最长辐射枝；长侧枝聚伞花序简单或复出，具 5～8 个辐射枝，其最长达 15 厘米；辐射枝顶端具小伞梗，小伞梗一般不超过 1 厘米；头状花序具 5～15 个小穗，球形，基部常具叶状小苞片；小穗卵形或披针形，具 3～8 朵花；小穗轴宽阔而无翅；鳞片密复瓦状排列，厚纸质，宽卵形，长 3.5～4 毫米，顶端具延伸出向外弯的硬尖，背面龙骨状突起，绿色，两侧苍白色，具紫红色条纹，或为紫红色，具 11～13 条明显的脉；雄蕊 3，花药线形；花柱细长，柱头 3。小坚果为宽椭圆形或卵形，黑褐色，具稍突起的细点。

[分布及生境] 海南乐东、东方、昌江、临高、儋州滨海，生长于滨海桉树林缘草坡及木麻黄林下，常与绢毛飘拂草、白鼓钉、茅根等混生。

[价值] 目前未查阅到关于辐射砖子苗应用研究方面的相关报道。

[参考书目] 《中国植物志》，《海南植物志》，《海南莎草志》，《海南植物物种多样性编目》，*Flora of China*。

茎秆

花序

植株

生境

# 112 // 鳞茎砖子苗

*Cyperus dubius* Rottb. [*Mariscus dubius* (Rottb.) Kuk. ex G. E. C. Fischer]

[分类] 莎草科 Cyperaceae

　　　　莎草属(砖子苗属)*Cyperus* L.[*Mariscus* Vahl]

[形态特征] 根状茎短，秆多数丛生，高 15～30 厘米，扁三棱柱形，平滑，具沟纹，基部膨大呈鳞茎状，外被许多暗褐色枯朽的老叶鞘。叶柔弱，短于或等长于秆，宽约 2～4 毫米，平展；叶鞘膜质，浅棕色。苞片 3～5 枚，叶状，较花序长很多，后期下弯；长侧枝聚伞花序呈头状，近球形，直径约 5～12 毫米，具 1～3 个穗状花序；穗状花序具多数密集小穗；小穗卵状披针形，稍肿胀，有两性花 3～5 朵；小穗轴具阔翅；鳞片排列紧密，阔卵形，背面无龙骨状突起，中部绿色，有脉 15～17 条，两侧苍白色或淡绿色，全部密布栗色小点。雄蕊 3 枚，很少有 2 枚，花药线状长圆形，药隔稍突起，红色；花柱中等长。小坚果倒卵形或椭圆形，成熟后栗色，密布细点。

[分布及生境] 海南岛陵水滨海有分布，生长于滨海潮湿的灌木林缘，或潮湿的滨海石壁上，有时与饭包草、糙叶丰花草等混生。

[价值] 目前有关该种的应用研究未见相关报道。

[参考书目] 《海南植物志》,《广州植物志》,*Flora of China*,《海南植物物种多样性编目》,《海南莎草志》。

花序

花序

植株

生境

# 113 // 香附子 (别名：香头草、回头青、雀头香、香附)

*Cyperus rotundus* L.

[分类] 莎草科 Cyperaceae

　　莎草属(砖子苗属)*Cyperus* L.［*Mariscus* Vahl］

[形态特征] 多年生草本。具长匍匐块状茎，具椭圆形块茎。秆稍细弱，高 10～40 厘米，锐三棱形，平滑，基部呈块茎状。叶较多，短于或等长于秆，宽 2～5 毫米，平张，上部边缘和中部粗糙；叶鞘棕色，常裂成纤维状。叶状苞片 2～4 枚，常长于花序，或有时短于花序；长侧枝聚伞花序简单或复出，具 3～10 个辐射枝；辐射枝最长可达 12 厘米；穗状花序卵形或阔卵形，具 3～10 个小穗稍疏松排列而成；小穗斜展开，线形或披针形，两面压扁，具 10～25 朵花；小穗轴具白色或稍带褐色短条纹、长圆形的翅；鳞片稍密地覆瓦状排列，膜质，卵形或长圆状卵形，长约 3 毫米，顶端急尖或钝，无短尖，中间绿色，两侧紫红色或红棕色，具 5～7 条脉；雄蕊 3，花药长，线形，暗血红色，药隔突出于花药顶端；花柱长，柱头 3 枚，细长，伸出鳞片外。小坚果长圆状倒卵形，近于三棱形，长为鳞片的 2/3，黑褐色，具细点。

[分布及生境] 海南岛滨海有大量分布，适应性强，常见，分布于滨海空旷沙地、草坡、村旁路边，有时独立成片生长，有时与大白茅、龙爪茅、铺地粟、绒马唐等混生，有时在滨海潮湿盐碱地与粗根茎莎草混生，成片生长。

[价值] 块茎入药，味辛、微苦、微甘，性平，具有行气解郁、调经止痛的功效，用于肝郁气滞，胸、胁、脘腹胀痛，消化不良，胸脘痞闷，寒疝腹痛，乳房胀痛，月经不调，经闭痛经。

[参考书目] 《中国植物志》，《中国药典》，*Flora of China*，《海南莎草志》，《海南植物物种多样性编目》。

花序

花序

叶　　　　　根

植株

生境

# 114 // 羽穗砖子苗

*Cyperus javanicus* Houtt. [*Mariscus javanicus* (Houtt.) Merr. & F. P. Metcalf]

[分类] 莎草科 Cyperaceae
　　　莎草属(砖子苗属)*Cyperus* L. [Mariscus Vahl]

[形态特征] 多年生草本。根状茎，粗短，木质；秆散生，粗壮，高可达1米，钝三棱形，下部具叶，基部膨大。叶稍硬，革质，通常长于秆，宽8～10毫米，基部折合，向上渐成为平张，横脉明显，边缘具锐刺，叶鞘黑棕色。苞片5～6枚，叶状，较花序长很多，斜展；长侧枝聚伞花序复出或多次复出，具6～10个第一次辐射枝；辐射枝最长达10厘米，斜展，每辐射枝具3～7个第二次辐射枝；穗状花序圆柱状，长1.5～3厘米，宽8～12毫米，具多数小穗；小穗排列稍密，平展或稍下垂，长圆状披针形，肿胀，长4.5～5.5毫米，宽1.8～2毫米，具4～6朵花；小穗轴具宽翅；鳞片较密的复瓦状排列，革质，宽卵形，顶端急尖，无短尖，凹形，淡棕色或麦秆黄色，具绣色条纹，边缘白色半透明，背面无龙骨状突起，具多条脉；雄蕊3，花药线形；花柱长，柱头3。小坚果宽椭圆形、倒卵状椭圆形或三棱形，长约为鳞片的1/2，黑褐色，具密的微突起细点。

[分布及生境] 海南岛滨海有分布，主要生长于滨海潮空旷沙地、溪流入海口、路旁、鱼虾塘边，有时独立成片生长，有时与台湾虎尾草、磨盘草、厚藤、海刀豆、滨豇豆、龙珠果、老鼠芳等混生。

[价值] 目前未查阅到相关文献报道。

[参考书目]《中国植物志》《海南植物志》《海南莎草志》*Flora of China*《海南植物物种多样性编目》。

花序

植株

生境

# 115 // 多叶水蜈蚣
(别名：香头草、回头青、雀头香、香附)

*Kyllinga polyphylla* Kunth

[分类] 莎草科 Cyperaceae
水蜈蚣属 *Kyllinga* Rottb.

[形态特征] 多年生草本植物。横向根状茎粗而长，节间短，被棕色或紫色鳞片；秆多数，散生，从根状茎的每个节上抽出，高25～90厘米，三棱形，光滑，基部鳞茎状，被长鞘；鞘圆柱状；略带紫色，边缘干膜质，鞘口斜截形，顶端具短尖，顶部1～2个鞘顶端具有叶片；叶片长3～15厘米，宽2～6毫米，平展，前端边缘具细锯齿；苞片5～8枚，叶状，长达15厘米，平展或略有反折。穗状花序1～3个，半球形至近球形，长6～12毫米，宽6～8毫米，具有极多数密生的小穗；小穗狭椭圆状卵形，长约3毫米，具有1～2朵花；鳞片草质，3～4毫米，卵状披针形，具锈褐色条纹，顶端具短尖，具5～7条脉，中脉多少具刺；雄蕊3枚，花药线形，药隔突出；花柱长，柱头2枚，短于花柱。小坚果长圆形或倒卵状长圆形，平凸状，长约为鳞片的1/2，初期黄白色，成熟时黑色，密集微突起细点，顶端具短尖。

[分布及生境] 海南岛文昌滨海，生长于村旁潮湿的沙地或水塘边，有时独立成片生长，有时与五爪金龙、龙珠果、少花龙葵、牛筋草、蒺藜草、香附子等混生。

[价值] 目前未查阅到该种应用方面的研究报道。

[参考文献]

[1] 杨虎彪，王清隆，虞道耿等. 海南莎草科植物1新记录种. 热带作物学报，2012，33(4)：715～716

花序

植株

秆、苞片

生境

# ◇石蒜科

## 116 // 文殊兰 （别名：十八学士、翠堤花、文珠兰）

*Crinum asiaticum* var. *sinicum* (Roxb. ex Herb.) Baker

[分类] 石蒜科 *Amaryllidaceae*
　　　文殊兰属 *Crinum* L.

[形态特征] 多年生粗壮草本。地上具被膜假鳞茎，长柱形。叶片宽大肥厚，常年浓绿，叶 20～30 枚，多列，叶带状披针形，长可达 1 米，宽 7～14 厘米，边缘波状，顶端渐尖，具 1 急尖的尖头。花葶直立，约与叶片等长，花序伞形，10～24 朵，佛焰苞状总苞片披针形，长 6～10 厘米，膜质，小苞片狭线形，长 3～7 厘米；花高脚碟状，芳香；花被管纤细，伸直，长约 10 厘米，绿白色；花被裂片线形，长 4～9 厘米，宽 6～9 毫米，向顶端渐狭，白色；雄蕊淡红色，花丝长 4～5 厘米，花药线形，顶端渐尖，长约 1.5 厘米，有的更长。蒴果近球形，直径 3～5 厘米；通常种子 1 枚。

[分布及生境] 在海南海口、文昌、万宁、儋州滨海有分布，生长于滨海湿润空旷沙地、村旁、路边、草坡，与厚藤、盐地鼠尾栗、许树、龙爪茅、狗牙根、土丁桂、露兜树等混生，在红树林缘湿润沙地也偶见。

[价值] 味辛、性凉，有小毒，具有行血散瘀、消肿止痛的功效，用于咽喉炎、跌打损伤、痈疖肿毒、蛇咬伤。全株有毒，以鳞茎最毒，内服要慎重，作为药用时候必须严格遵照医嘱，严防小孩和动物的误食。本种具有较高的观赏价值，既可作绿地、草坪的点缀品，又可作庭院装饰花卉，还可盆栽作为室内装饰。

[参考书目]《中国植物志》,《海南植物志》,《中国高等植物图鉴》, *Flora of China*,《海南植物物种多样性编目》。

花序　　　　　　　　　　　果

植株　　　　　　　　　　佛焰苞

生境

# ◇石竹科

## *117* 白鼓钉

(别名：满天星草、百花草、辛苦草、过饥草、广白头翁、星色革)

*Polycarpaea corymbosa* (L.) Lam.

[分类] 石竹科 Caryophyllaceae
白鼓钉属 *Polycarpaea* Lam.

[形态特征] 一年生或多年生草本，高 15～35 厘米。茎直立，茎纤细而坚硬，单生，中上部分枝。叶假轮生状，叶狭线形或针形，稀线状披针形，扁平或边缘背卷，长 1.2～2.5 厘米，宽约 1 毫米，顶端急尖，近无毛，中脉明显，上部叶较细小而疏离；托叶卵状披针形，顶端急尖，长 2～4 毫米，干膜质，白色，透明。花多数，密集成聚伞花序；苞片薄膜质，披针形，透明，长于花梗；花梗细，被白色伏柔毛；萼片 5，披针形，白色，透明，膜质，长约 2.5 毫米，顶端渐尖；花瓣 5，分离，阔卵形，顶端钝，比萼片短；雄蕊 5，短于花瓣；子房卵形，花柱短，顶端不分裂；蒴果卵球形，褐色，长不及宿存萼片的一半，种子肾形，扁，褐色。

[分布及生境] 海南东方滨海，少见，分布于滨海干旱的桉树林缘及草坡，常与辐射砖子苗、娟毛飘拂草、茅根等混生。

[价值] 全草入药，性平，味甘。具有清热解毒、利小便的功效；用于治疗痢疾、肠炎、淋病小便涩痛、痈疽肿毒、消化不良、毒虫蛇伤。

[参考书目]《中国植物志》,《海南植物志》, *Flora of China*,《海南植物物种多样性编目》。

花序

植株

生境

# ◇水龙骨科

**118** // 瘤蕨 （别名：莿蕨）

*Phymatosorus scolopendria* (Burm. f.) Pic. Serm.

[分类] 水龙骨科 Polypodiaceae

瘤蕨属 *Phymatosorus* Pic. Serm.

[形态特征] 附生或土生草本植物。植株高 50～70
厘米，根状茎长而横走，粗肥，直径约 3～5
毫米，肉质，近光滑，疏被鳞片；鳞片基部
阔，盾状着生，中上部狭披针形，边缘有细
齿，褐色。叶远生，叶柄禾秆色，光滑无毛，
叶柄长 20～30 厘米，基部有关节和鳞片；叶
片通常羽状深裂达叶轴两侧的阔翅，少有单叶
不裂或 3 裂；裂片通常 3～5 对，披针形，渐
尖头，边缘全缘，有软骨质的狭边，长约 12～
18 厘米，宽约 2～2.5 厘米；侧脉和小脉均不
明显，小脉网状；叶近革质，两面光滑无毛。
孢子囊群圆形或椭圆形，在裂片中脉两侧各 1
行或不规则的多行，有时沿叶轴两侧的阔翅上
也各有 1 行，孢子囊群凹陷，在叶表面明显凸
起；孢子表面具很小的刺。

[分布及生境] 海南海口、文昌、琼海、万宁、三
亚、陵水、儋州、临高等滨海，有的成片生长
于潮湿的椰树林下，有的生长于高潮线附近的
滨海灌木林中的石头缝隙，与鲫鱼藤、崖县球
兰、基及树等混生。

[价值] 全草入药，治疗跌打伤、外伤流血、烫伤、
尿管辣痛；该种在园林中多栽种于溪水边、池
畔山石间或遍植树荫下，绿化环境。

[参考书目] 《中国高等植物图鉴》，《中国植物志》，
《彝族药》，*Flora of China*，《海南植物物种多样
性编目》。

叶　　　　　　　　　孢子群　　　　　　　　　孢子群

植株

生境

# ◇粟米草科

## 119 // 吉粟草 (别名：针晶粟草)

*Gisekia pharnaceoides* L.

[分类] 粟米草科 Molluginaceae
吉粟草属 *Gisekia* L.

[形态特征] 一年生铺地草本，株高约 20～50 厘米。茎多分枝，无毛。叶片稍肉质，椭圆形或匙形，长约 1～2.5 厘米，宽 4～10 毫米，顶端钝或急尖，基部渐尖，两面均有多数白色针状结晶体，下面尤其明显；叶柄长约 2～10 毫米，上面具沟。花多朵簇生成束或为伞形花序，腋生或生于两分枝之间；花梗细，长约 3～5 毫米；花被片淡绿色，长圆形或卵形，钝头，长约 2 毫米，有白色针晶体；雄蕊 5，离生，花丝近中部以下扩大成瓣状；心皮 5，离生，扁圆形，果时与花被片等长；花柱 5，分离。果肾形，具小疣状凸起，不开裂，为宿存花被片包围，具白色针晶体。种子稍黑色，平滑，具细小腺点；胚弯。

[分布及生境] 海南岛滨海有分布，尤其在乐东莺歌海滨海空旷干旱沙地分布较集中，常成片生长成优势种群，有时与长梗星粟草、绢毛飘拂草、球柱草、龙爪茅、香附子等滨海植物混生。

[价值] 目前未查阅到该种应用方面的研究报道，但我们在调查过程中发现羊喜采食。

[参考书目]《中国植物志》,《海南植物志》,《中国高等植物图鉴》,*Flora of China*,《海南植物物种多样性编目》。

花序

植株

生境

# 120 // 无茎粟米草 （别名：裸茎粟米草）

*Mollugo nudicaulis* Lam.

[分类] 粟米草科 Molluginaceae
粟米草属 *Mollugo* L.

[形态特征] 一年生草本。全株无毛；叶全部基生，叶片椭圆状匙形或倒卵状匙形，长约 1～5 厘米，宽约 8～15 毫米，顶端钝，基部渐狭；叶柄可达 1 厘米。花序为二歧聚伞花序，从基生叶丛中抽出，花序梗和花梗铁线状；花黄白色；花被片 5，长圆形，长约 2～3 毫米，钝头；雄蕊 3～5 枚，花丝线形；子房近圆球形；花柱 3 枚，极短，外翻。蒴果近圆形或稍呈椭圆形，与宿存花被近等长；种子多数，栗黑色，近肾形，具多数颗粒状凸起。

[分布及生境] 海南岛滨海有分布，分布滨海空旷干旱沙地、路边，有时与龙爪茅、球柱草、娟毛飘拂草、香附子、龙爪茅、仙人掌、铺地黍、蛇婆子、地杨桃等混生。

[价值] 目前未查阅到相关应用方面的研究报道。

[参考书目]《中国植物志》,《海南植物志》, *Flora of China*,《海南植物物种多样性编目》。

花序

植株

生境

# 121 // 长梗星粟草 （别名：簇花粟米草、假繁缕）

*Glinus oppositifolius* (L.) Aug. DC.

**[分类]** 粟米草科 Molluginaceae
星粟草属 *Glinus* L.

**[形态特征]** 一年生铺散草本，株高约 10～40 厘米。分枝多，被微柔毛或近无毛；叶片匙状倒披针形或椭圆形，叶 3～6 片假轮生或对生，叶长约 1～2.5 厘米，宽约 3～6 毫米，顶端钝或急尖，基部狭长，边缘中部以上有疏离小齿。花通常 2～7 朵簇生，绿白色、淡黄色或乳白色；花梗纤细，长 5～14 毫米；花被片 5，长圆形，长 3～4 毫米，具 3 脉，边缘膜质；雄蕊 3～5 枚，花丝线形；花柱 3。蒴果椭圆形，稍短于宿存花被。种子栗褐色，近肾形，具多数颗粒状凸起，假种皮较小，长约为种子的 1/5，围绕种柄稍膨大呈棒状；种阜线形，白色。

**[分布及生境]** 海南岛万宁滨海有零星分布，生长于滨海空旷干旱沙地，与吉粟草成片混生，偶尔与铺地黍、香附子、土丁桂等混生。

**[价值]** 目前未查阅到相关应用方面的研究报道，但在我们调查过程中，发现羊喜欢采食。

**[参考书目]** 《中国植物志》，*Flora of China*，《海南植物物种多样性编目》，《海南植物志》。

种子　　　　　　　　　　　　　花序

植株

生境

## ◇苏木科

**122** // 望江南
*Senna occidentalis* (L.) Link

（别名：野扁豆、狗屎豆、羊角豆、黎茶、凤凰草、假决明、假槐花）

[分类] 苏木科 Caesalpiniaceae
番泻决明属 *Senna* Mill.

[形态特征] 直立、少分枝的亚灌木或灌木，无毛，高 0.8～1.5 米。枝带草质，有棱。叶长约 20 厘米；叶柄近基部有大而带褐色、圆锥形的腺体 1 枚；小叶 4～5 对，膜质，卵形至卵状披针形，长 4～9 厘米，宽 2～3.5 厘米，顶端渐尖，有小缘毛；小叶柄长 1～1.5 毫米，揉之有腐败气味；托叶膜质，卵状披针形，早落。花数朵组成伞房状总状花序，腋生和顶生，长约 5 厘米；苞片线状披针形或长卵形，长渐尖，早脱；花长约 2 厘米；萼片不等大，外生的近圆形，长 6 毫米，内生的卵形，长 8～9 毫米；花瓣黄色，外生的卵形，长约 15 毫米，宽 9～10 毫米，其余可长达 20 毫米，宽 15 毫米，顶端圆形，均有短狭的瓣柄；雄蕊 7 枚发育，3 枚不育，无花药。荚果带状镰形，褐色，压扁，长 10～13 厘米，宽 8～9 毫来，稍弯曲，边较淡色，加厚，有尖头；果柄长 1～1.5 厘米。种子 30～40 颗，种子间有薄隔膜。

[分布及生境] 海南岛滨海有分布，常见，分布滨海潮湿的空旷沙地、草坡、疏林中，有时与磨盘草、白花丹、宽叶十万错、白茅、黄槿、麻叶铁苋菜、赛葵、蓖麻、长春花等混生。

[价值] 种子味甘苦，性凉，有毒，具有清肝、健胃、通便、解毒的功效，用于目赤肿痛、头晕头胀、消化不良、胃痛、痢疾、便秘、痈肿疗毒；根有利尿功效；鲜叶捣碎治毒蛇毒虫咬伤。

[参考书目] 《中国植物志》、《海南植物志》、*Flora of China*、《海南植物物种多样性目录》。

花序             荚果

植株

生境

# ◇天南星科

**123** 海芋
*Alocasia odora* (Roxb.) K. Koch

（别名：羞天草、隔河仙、天荷、滴水芋、野芋、黑附子、麻芋头、野芋头、麻哈拉、大黑附子、天合芋、大麻芋、天蒙、朴芋头、大虫楼、大虫芋、老虎芋、卜茹根、野芋头、野芋头）

[分类] 天南星科 Araceae
海芋属 *Alocasia* (Schott) G. Don

[形态特征] 多年生大型常绿直立草本。具匍匐根茎；有直立的地上茎，地上茎可达 2.5 米，茎粗 10～30 厘米，圆柱形，有节，常生不定芽条。叶柄粗大，绿色或污紫色，螺旋状排列，长可达 1.5 米，基部连鞘宽 5～10 厘米；叶多数，亚革质，表面稍光亮，草绿色，背较淡，极宽，箭状卵形，边缘浅波状，长 50～90 厘米，宽 40～90 厘米，有的叶片更大，长、宽都在一米以上，前裂片三角状卵形，先端锐尖，长胜于宽，I 级侧脉 9～12 对，下部的粗如手指，向上渐狭；后裂片联合 1/5～1/10，幼株叶片联合较多，后裂片多少圆形，弯缺锐尖，有时几达叶柄，后基脉互交成直角或不及 90 度的锐角。花序柄 2～3 枚丛生，圆柱形，各被长约 50 厘米，宽约 8 厘米的苞叶（鳞叶）；花序柄长 12～60 厘米，通常绿色，有时污紫色；佛焰苞管部席卷成长圆状卵形或卵形，绿色，长约 3～5 厘米，粗约 4 厘米；檐部蕾时绿色，花时黄绿色、绿白色，凋萎时变黄色、白色，舟状，长圆形，略下弯，先端喙状，长 10～30 厘米；雌花序圆柱形，白色，长 2～4 厘米，不育雄花序长 2.5～6 厘米，渐狭过渡为能育雄花序，能育雄花序淡黄色，长 3～7 厘米；附属器圆锥状，淡绿色至乳黄色，基部较粗，长 3～5.5 厘米，粗 1～2 厘米，先端钝，嵌以不规则的槽纹。浆果亮红色，短卵状，长约 1 厘米，径 5～9 毫米。

[分布及生境] 海南滨海，尤其琼海、文昌滨海椰树林下比较集中，生长于潮湿的滨海村旁、路旁、红树林缘、江河入海口边、潮湿椰林下，有时与磨盘草、飞机草、对叶榕、马缨丹、象草、斑茅、龙珠果等混生。

[价值] 根茎供药用，味微辛、涩，性寒，有毒，具有清热解毒、消肿散结、祛腐生肌，用于热病高烧、流感、肺痨、伤寒、风湿关节痛、鼻塞流涕；外用于疔疮肿毒、虫蛇咬伤；对腹痛、霍乱、疝气等有良效，还可用于治肺结核、风湿关节炎、气管炎、流感、伤寒、风湿心脏病；在兽医中可以用于治牛伤风、猪丹毒。有毒，须久煎并换水 2～3 次后才能服用；鲜草汁液皮肤接触后搔痒，误入眼内可以引起失明；茎、叶误食后喉舌发痒、肿胀、流涎、肠胃烧痛、恶心、腹泻、惊厥、严重者窒息心脏麻痹而死；民间用醋加生姜汁少许共煮，内服或含嗽以解毒。因此在应用海芋时需多注意。根茎富含淀粉，可作工业上代用品，但不能食用。除了药用和工业价值外还具有很高的园林价值，即可在林荫下片植，也可作为假山的配景，还可盆栽作为室内装饰，对净化空气有一定的作用。

[参考书目]《中国植物志》,《海南植物物种多样性编目》, *Flora of China*。

佛焰苞

果

植株

生境

◇**梧桐科**

**124** // **马松子** （别名：野路葵）

*Melochia corchorifolia* L.

[**分类**] 梧桐科 Sterculiaceae
马松子属 *Melochia* L.

[**形态特征**] 亚灌木状草本，高 30～100 厘米。枝黄褐色，略被星状短柔毛。叶卵形、矩圆状卵形或披针形，偶有不明显的 3 浅裂，长 2.5～7 厘米，宽 1.5～3 厘米，顶端急尖或钝，基部圆形或心形，边缘有不规则细锯齿，上面近于无毛，下面略被星状短柔毛，基生 5 脉；托叶线形。花排成顶生或腋生的密聚伞花序或团伞花序；小苞片条形，混生在花序内；花萼钟状，5 浅裂，外面被长柔毛和刚毛，内面无毛；花瓣 5 片，白色，后变为淡红色，矩圆形，基部收缩；雄蕊 5 枚，下部连合成筒，与花瓣对生；子房密生柔毛，无柄，5 室，花柱 5 枚，线状。蒴果球形，有 5 棱，被长柔毛，每室有种子 1～2 个。种子卵圆形，略成三角状，褐黑色。

[**分布及生境**] 海南岛滨海有分布，分布于滨海路边、草坡、空旷沙地，常与铺地黍、白茅、蜂巢草、长春花、厚藤等混生。

[**价值**] 茎皮含纤维，可与黄麻混纺制麻袋；味辛、苦，性温，具有止痒退疹的功效，用于皮肤瘙痒、癣症、瘾疹、湿疮、湿疹、阴部湿痒等症状。

[**参考书目**] 《中国高等植物图鉴》,《海南植物志》,《中国植物志》,《海南植物物种多样性编目》。

叶

植株

花序

生境

# 125 // 蛇婆子

*Waltheria indica* L.

（别名：印度蛇婆子、和他草、满地毯、仙人撒网、草梧桐、太古粥）

[分类] 梧桐科 Sterculiaceae
蛇婆子属 *Waltheria* L.

[形态特征] 略直立或匍匐状半灌木，长达 1 米。多分枝，小枝密被短柔毛。叶卵形或长椭圆状卵形，长 2.5～4.5 厘米，宽 1.5～3 厘米，顶端钝，基部圆形或浅心形，边缘有不整齐的浅齿或锯齿，两面均密被短柔毛；叶柄长 0.5～1 厘米。聚伞花序腋生，头状，近于无轴或有长约 1.5 厘米的花序轴；小苞片狭披针形，长约 4 毫米；萼筒状，5 裂，长 3～4 毫米，裂片三角形，远比萼筒长；花瓣 5 片，淡黄色，匙形，顶端截形，与花萼近等长或略长；雄蕊 5 枚，花丝合生成筒状，包围着雌蕊；子房无柄，被短柔毛，花柱偏生，柱头流苏状。蒴果小，二瓣裂，倒卵形，长约 3 毫米，被毛，为宿存的萼所包围，内有种子 1 个。种子倒卵形、圆形，很小，长约 2.5 毫米。

[分布及生境] 海南岛全岛滨海，生长于高潮线附近的沙滩荒地、草坡、鱼虾塘埂上，常与绉面草、马唐、黄花稔、香附子等混生。

[价值] 味辛、微甘，性微寒，具有祛风利湿、清热解毒的功效，用于风湿痹症、咽喉肿痛、湿热带下、痈肿瘰疬；茎皮纤维可织麻袋；耐旱耐瘠薄，匍匐生长，可作保土植物。

[参考书目] 《中国植物志》，《海南植物志》，《中华本草》，《海南植物物种多样性编目》，*Flora of China*。

花

果

植株

生境

◇**西番莲科**

**126** // **龙珠果**
*Passiflora foetida* L.

（别名：龙吞珠、龙须果、风雨花、神仙果、番瓜子、山木、大种毛葫芦、香花果、天仙果、野仙桃、肉果、龙珠草、假苦果、龙眼果）

[分类] 西番莲科 Passifloraceae
西番莲属 *Passiflora* L.

[形态特征] 多年生草质藤本。茎柔弱，长数米，有臭味，茎具条纹，被平展柔毛或无毛。单叶互生，膜质，宽卵形至长圆状卵形，长约4.5～13厘米，宽约4～12厘米，先端3浅裂，基部心形，边缘呈不规则波状，通常具头状缘毛，上面被丝状伏毛，并混生少许腺毛，下面被毛，上部有较多小腺体，叶脉羽状，侧脉4～5对，网脉横出；叶柄长约2～6厘米，密被平展柔毛和腺毛，不具腺体；托叶半抱茎，深裂，裂片顶端具腺毛。聚伞花序退化仅存1花，与卷须对生，卷须疏被柔毛；花白色或淡紫色，具白斑，直径约2～3厘米；苞片3枚，一至三回羽状分裂，裂片丝状，顶端具腺毛；萼片5枚，长约1.5厘米，外面近顶端具1角状附属器；花瓣5枚，与萼片等长；外副花冠裂片3～5轮，丝状，外2轮裂片长4～5毫米，内3轮裂片长约2.5毫米；内副花冠非褶状，膜质，高1～1.5毫米；花盘杯状；雄蕊5枚，花丝基部合生；花药长圆形；子房椭圆球形，具短柄，被稀疏腺毛或无毛；花柱3枚，偶有4枚，柱头头状。浆果卵圆球形，直径约2～3厘米，无毛。种子多数，椭圆形，草黄色。

[分布及生境] 原产西印度群岛，现海南岛全岛滨海有分布，生长于滨海灌木林缘、空旷沙地路边、房前屋后，有的攀缘于滨海灌木林、建筑物上，有的铺洒于空旷草地。龙珠果适应性很强，能与磨盘草、白茅、苦林盘、飞机草、五爪金龙、羽穗砖子苗、黄花稔、厚藤、海刀豆、飞扬草、盐地鼠尾粟、马缨丹等滨海植物混生。

[价值] 味甘、酸，性平，具有清热解毒、清肺止咳的功效，用于热咳嗽、小便混浊、痈疮肿毒、外伤性眼角膜炎、淋巴结炎。

[参考书目]《中国植物志》,《海南植物志》,《中华本草》,*Flora of China*,《海南植物物种多样性编目》。

花

果

植株

生境

◇苋　科

# *127* 刺花莲子草 （别名：地雷草）

Alternanthera pungens Kunth

[分类] 苋科 Amaranthaceae
　　　莲子草属 Alternanthera Forssk.

[形态特征] 一年生草本植物，原产南美，为一归
　　化植物。茎匍匐，披散，分枝多数，密生伏贴
　　白色硬毛。叶对生，同一对叶大小不一；叶卵
　　形、倒卵形或椭圆倒卵形，长 1.5～4.5 厘米，
　　宽 5～15 毫米，顶端圆钝，有一短尖，基部渐
　　狭，两面无毛或疏生伏贴毛；叶柄长 3～10 毫
　　米，无毛或有毛。头状花序无总花梗，1～3 个
　　腋生，球形或矩圆形；苞片披针形，长约 4 毫
　　米，顶端有锐刺；小苞片披针形，长 3～4 毫
　　米，顶端渐尖，无刺；花被片大小不等，2 外
　　花被片披针形，长约 5 毫米，在下半部有 3
　　脉，花期后变硬，中脉伸出成锐刺；中部花被
　　片长椭圆形，长 3～3.5 毫米，扁平，近顶端
　　牙齿状，凸尖；2 内花被片小，环包子房，在
　　背部有丛毛；雄蕊 5；退化雄蕊远比花丝短，
　　全缘、凹缺或不规则牙齿状；花柱极短。胞果
　　宽椭圆形，长 1～1.5 毫米，褐色，极扁平，
　　顶端截形或稍凹。

[分布及生境] 海南岛三亚、儋州峨蔓滨海有分布，
　　生长于滨海鱼虾塘埂、村旁、路边、草坡，常
　　与假海马齿、海马齿、厚藤、龙珠果、虎尾
　　草、鼠尾粟、龙爪茅等混生，有时成片独立生
　　长成优势种群。

[价值] 目前未查阅到其应用方面的研究报道。该
　　种原产南美，蔓延很快，花期后，花被片顶端
　　变成锐刺，伤害人畜，农民对刺花莲子草极为
　　厌恶。

[参考书目] 《中国植物志》，《中国外来入侵种》，
　　*Flora of China*，《海南植物物种多样性编目》。

茎、叶

花

植株

茎、叶

生境

# 128 // 莲子草 (别名：满天星、节节花、膨蜞菊、水牛膝、虾钳菜、白花仔)

*Alternanthera sessilis* (L.) R. Br. ex DC.

[分类] 苋科 Amaranthaceae
莲子草属 *Alternanthera* Forssk.

[形态特征] 多年生草本。茎细长，上升或匍匐，绿色或稍带紫色，有条纹及纵沟，沟内有柔毛，节上密被柔毛。叶片形状及大小变化大，条状披针形、矩圆形、倒卵形、卵状矩圆形，长 1～8 厘米，宽 2～20 毫米，全缘或有不显明锯齿，两面无毛或疏生柔毛，先端急尖或钝，基部渐狭成短叶柄。头状花序 1～4 个，腋生，无总花梗，初为球形，后渐成圆柱形；花密生，花轴密生白色柔毛；苞片及小苞片白色，顶端短渐尖，无毛；苞片卵状披针形，小苞片钻形；花被片卵形，白色，顶端渐尖或急尖，无毛，具 1 脉；雄蕊 3，花丝长约 0.7 毫米，基部连合成杯状，花药矩圆形；退化雄蕊三角状钻形，比雄蕊短，顶端渐尖，全缘；花柱极短，柱头短裂。胞果倒心形，侧扁，翅状，深棕色，包在宿存花被片内。种子卵球形。

[分布及生境] 海南岛全岛滨海，主要分布于潮湿空旷沙地、入海口水边，有时与厚藤、香附子、匐枝栓果菊、阔苞菊、番杏、滨豇豆、蒺藜草等混生。

[价值] 全草入药，味微甘、淡，性凉，具有清热凉血、利湿消肿、拔毒止痒的功效，内服疗痢疾、鼻衄、咯血、便血、尿道炎、咽炎、乳腺炎、小便不利，外用治疮疖肿毒、湿疹、皮炎、体癣、毒蛇咬伤。嫩叶可作蔬菜和饲料。

[参考书目]《中国植物志》，《海南植物志》，*Flora of China*，《海南植物物种多样性编目》。

茎、叶　　　　　　　　　　　　花序

植株

生境

# 129 // 喜旱莲子草

（别名：空心莲子草、空心苋、水蕹菜、革命草、水花生）

*Alternanthera philoxeroides* (Mart.) Griseb.

[分类] 苋科 Amaranthaceae

　　　莲子草属 *Alternanthera* Forssk.

[形态特征] 多年生草本。茎基部匍匐生长，上部上升，中空，不明显 4 棱，有分枝，幼茎及叶腋有白色或锈色柔毛，茎老时无毛，仅在两侧纵沟内保留。叶长圆形、长圆状倒卵形或倒卵状披针形，长 2.5～5 厘米，宽 7～20 毫米，顶端圆钝或急尖，有芒尖，基部渐狭，全缘，上面有贴生毛或两面都无毛，边缘有睫毛。头状花序单生于叶腋，球形，有总花梗；苞片和小苞片干膜质，白色；苞片卵形，小苞片披针形；花被片白色，长圆形，光亮，无毛，顶端急尖，背部侧扁；雄蕊花丝基部合生成杯状，退化雄蕊矩圆状条形，和雄蕊约等长，顶端裂成窄条；柱头头状；子房倒卵形，具短柄，背面侧扁，顶端圆形。

[分布及生境] 原产南美，在海南岛各地滨海有分布，生长于滨海潮湿沙地、草坡、水沟边，有的单独成片生长，有的与香附子、马齿苋、臭矢菜等植物混生。

[价值] 该种全草入药，味苦，性寒，具有清热凉血、解毒的功效，用于流行性乙型脑炎早期、流行性出血热初期、麻疹等；是一种优良的饲料作物，既可以作猪饲料，也可以作鱼饲料；在防治草鱼出血病方面还有独特的功效。

[参考书目] 《中国植物志》,《中国高等植物图鉴》,*Flora of China*,《海南植物物种多样性编目》。

茎　　　　　　　　　　花序

植株

生境

# 130 // 刺苋 （别名：笏苋菜、勒苋菜、剌苋菜、野苋菜）

*Amaranthus spinosus* L.

**[分类]** 苋科 Amaranthaceae

苋属 *Amaranthus* L.

**[形态特征]** 一年生直立草本，高可达 1 米。茎直立，圆柱形或钝棱形，多分枝，有纵条纹，绿色或带紫色，有时呈红色，无毛或稍有柔毛。叶互生，叶柄长 1～8 厘米，无毛，在其旁有 2 刺，刺长 5～10 毫米；叶片卵状披针形或菱状卵形，先端圆钝，具微凸头，基部楔形，全缘。圆锥花序腋生及顶生，长 3～25 厘米，下部顶生花穗常全部为雄花；苞片在腋生花簇及顶生花穗的基部者变成尖锐直刺，长 5～15 毫米，在顶生花穗的上部者狭披针形，顶端急尖，具凸尖，中脉绿色；小苞片狭披针形；花被片绿色，顶端急尖，具凸尖，边缘透明，中脉绿色或带紫色，在雄花者矩圆形，在雌花者矩圆状匙形；雄蕊花丝略和花被片等长或较短。胞果矩圆形，在中部以下不规则横裂，包裹在宿存花被片内。种子近球形，直径约 1 毫米，黑色或带棕黑色。

**[分布及生境]** 海南岛滨海，常见，分布于滨海空旷沙地、路边、草坡，与狗牙根、蓖麻、假马鞭、厚藤、土牛膝、马齿苋、黄细心、黄花稔、铺地黍、盐地鼠尾粟等混生。

**[价值]** 味甘、淡，性凉，具有清热利湿、解毒消肿、凉血止血的功效，用于痢疾、肠炎、胃十二指肠溃疡出血、痔疮便血；外用治毒蛇咬伤、皮肤湿疹、疖肿脓疡；嫩茎可作蔬菜，营养丰富，可为人体提供丰富的蛋白质、脂肪等多种营养成分。

**[参考书目]** 《全国中草药汇编》、《中国植物志》、《海南植物志》、《海南植物物种多样性编目》，*Flora of China*。

茎、叶 花序

植株

生境

# 131 // 皱果苋 （别名：绿苋、野苋）

*Amaranthus viridis* L.

[分类] 苋科 Amaranthaceae

　　　　苋属 *Amaranthus* L.

[形态特征] 一年生草本，高 40～80 厘米，全体无毛。茎直立，有不显明棱角，稍有分枝，绿色或带紫色；叶互生，叶片卵形至卵状矩圆形，长 2～9 厘米，宽 2.5～6 厘米，顶端微缺，少数圆钝，有 1 小芒尖，基部宽楔形或近截形，全缘或微呈波状缘；叶柄长 3～6 厘米，绿色或带紫红色。单性花或杂性，成腋生穗状花序，或再聚集成大型顶生圆锥花序，长 6～12 厘米，宽 1.5～3 厘米，有分枝，由穗状花序形成，圆柱形，细长，直立，顶生花穗比侧生者长；总花梗长 2～2.5 厘米；苞片及小苞片干膜质，披针形，顶端具凸尖；花被片 3，矩圆形或宽倒披针形，内曲，顶端急尖，背部有 1 绿色隆起中脉；雄蕊比花被片短；柱头 3 或 2。胞果扁球形，直径约 2 毫米，绿色，不裂，极皱缩，超出花被片。种子近球形，直径约 1 毫米，黑色或黑褐色，具薄且锐的环状边缘。

[分布及生境] 海南岛全岛滨海，生长于滨海空旷沙地、草坡、村旁路边、废弃盐田埂、鱼虾塘埂上，与铺地黍、铁线草、马齿苋、龙爪茅、土牛膝、黄花稔等混生。

[价值] 全草入药具有清热解毒、利尿止痛的功效；嫩茎、叶可食，可炒食、凉拌、做汤或晒干菜；亦可作为家畜的青饲料。

[参考书目]《中国植物志》,《中国高等植物图鉴》,《海南植物志》, *Flora of China*,《海南植物物种多样性编目》。

植株

花序

植株

生境

# 132 // 土牛膝 （别名：倒钩草、倒梗草）

*Achyranthes aspera* L.

[分类] 苋科 Amaranthaceae
牛膝属 *Achyranthes* L.

[形态特征] 多年生草本，高 20～120 厘米。茎直立，四棱形，有柔毛，节部稍有膨大，分枝对生。叶片纸质，宽卵状倒卵形或椭圆状矩圆形，长 1.5～7 厘米，宽 0.4～4 厘米，顶端圆钝，具凸尖，基部楔形或圆形，边缘波状或全缘，两面密生柔毛或近无毛。穗状花序生于茎顶和分支顶端，直立，长 10～30 厘米，花期后反折；总花梗具棱角，粗壮，坚硬，密生白色伏贴或开展柔毛；花疏生；苞片披针形，顶端长渐尖，小苞片刺状，坚硬，光亮，常带紫色；花被片披针形，长渐尖，花后变硬且锐尖，具 1 脉；雄蕊长 2.5～3.5 毫米；退化雄蕊顶端截状或细圆齿状，有具分枝流苏状长缘毛。胞果卵形，长 2.5～3 毫米。种子卵形，不扁压，长约 2 毫米，棕色。

[分布及生境] 海南岛全岛滨海，常见，生长于滨海沙地、鱼虾塘埂上、路边、木麻黄林下空地，有时独立成片生长，常与孪花蟛蜞菊、盐地鼠尾粟、假马鞭草、厚藤、铺地黍、虎尾草、香附子、龙爪茅、求米草、荔雷草等混生。

[价值] 以根入药，味微苦，性凉，具有有清热解毒、利尿的功效，用于感冒发热、扁桃体炎、白喉、流行性腮腺炎、疟疾、泌尿系结石、肾炎水肿、风湿性关节炎。

[参考书目]《中国植物志》《海南植物志》《中国高等植物图鉴》《海南植物物种多样性编目》*Flora of China*。

茎、叶　　　　　　　　　　　花序

植株　　　　　　　　　　　花序

生境

# 133 // 青 葙
Celosia argentea L.
（别名：野鸡冠花、鸡冠花、百日红、狗尾草）

[**分类**] 苋科 Amaranthaceae
青葙属 Celosia L.

[**形态特征**] 一年生草本，高 30～100 厘米，全体无毛。茎直立，有分枝，绿色或红色，具显明条纹。叶互生，全缘，叶片矩圆状披针形、披针形或披针状条形，少数卵状矩圆形，长 5～8 厘米，宽 1～3 厘米，绿色常带红色，顶端急尖或渐尖，具小芒尖，基部渐狭。花多数，密生，在茎端或枝端成单一、无分枝的塔状或圆柱状穗状花序，长 3～10 厘米；苞片及小苞片披针形，顶端渐尖，延长成细芒，具 1 中脉，在背部隆起；花被片 5，矩圆状披针形，初为白色顶端带红色，或全部粉红色，后成白色，顶端渐尖，具 1 中脉，在背面凸起；花药紫色；子房有短柄，花柱紫色或红色，柱头 2 裂。胞果包裹在宿存花被片内，球形或卵形。种子扁圆形，凸透镜状肾形，黑色，有光泽。

[**分布及生境**] 海南岛滨海，主要生长于滨海村旁、路边、空旷沙地、草坡，常与土牛膝、假马鞭、香附子、铺地黍、猪屎豆、冰糖草、黄花稔、厚藤等混生。

[**价值**] 种子入药，味苦，性微寒，具有清肝、明目、退翳的功效，用于目赤肿痛、眼生翳膜、视物昏花、高血压病、鼻衄、皮肤风热瘙痒、疮癣，但肝虚目疾不宜单用，瞳孔散大、青光眼患者禁服；嫩茎叶可作蔬菜，全株可作饲料；种子含油率 15%左右，油可供食用，但气味不佳。

[**参考书目**]《中国药典》,《中国植物志》,《海南植物志》,《中国高等植物图鉴》,《海南植物物种多样性编目》。

花序　　　　　　　　　　　　　　　　植株

生境

# ◇仙人掌科

## 134 仙人掌

*Opuntia dillenii* (Ker Gawl.) Haw.

（别名：仙巴掌、观音掌、霸王树、火焰、火掌、牛舌头）

[分类] 仙人掌科 Cactaceae
仙人掌属 *Opuntia* Mill.

[形态特征] 多年丛生肉质灌木，高1～3米。上部分枝宽倒卵形、倒卵状椭圆形或近圆形，长可达40厘米，宽可达25厘米，厚达1.2～2厘米，先端圆形，边缘通常不规则波状，基部楔形或渐狭，绿色至蓝绿色，无毛；小窠疏生，明显突出，成长后刺常增粗并增多，每小窠具1～20根刺，密生短绵毛和倒刺刚毛；刺黄色，有淡褐色横纹，粗钻形，基部扁，坚硬，长1～6厘米；倒刺刚毛暗褐色，直立，多少宿存；短绵毛灰色，短于倒刺刚毛，宿存。叶钻形，长约5毫米，绿色，早落。花辐状，花托倒卵形，顶端截形并凹陷，基部渐狭，绿色，疏生突出的小窠，小窠具短绵毛、倒刺刚毛和钻形刺；萼状花被片宽倒卵形至狭倒卵形，先端急尖或圆形，具小尖头，黄色，具绿色中肋；瓣状花被片倒卵形或匙状倒卵形，先端圆形、截形或微凹，边缘全缘或浅啮蚀状；花丝淡黄色；花药黄色；花柱淡黄色；柱头5，黄白色。浆果倒卵球形，顶端凹陷，基部多少狭缩成柄状，长4～6厘米，直径2～4厘米，表面平滑无毛，紫红色，每侧具5～10个突起的小窠，小窠具短绵毛、倒刺刚毛和钻形刺；种子多数，扁圆形，边缘稍不规则，无毛，淡黄褐色。

[分布及生境] 原产墨西哥东海岸、美国南部及东南部沿海地区、西印度群岛、百慕大群岛和南美洲北部，我国于明末引种。目前海南全岛滨海有大量分布，生长于滨海空旷干旱沙地、鱼虾塘埂、废弃盐田埂、干旱木麻黄林下、桉树林缘、灌木林缘、滩涂礁石上。常独立成片生长，有时在高潮线附近与盐地鼠尾粟、海南茄、海马齿、匍匐滨藜、南方滨藜、露兜树、熊耳草、老鼠芳、苦林盘等混生。

[价值] 全株入药，味苦、性凉，具有清热解毒、散瘀消肿、健胃止痛、镇咳的功效，用于胃十二指肠溃疡、急性痢疾、咳嗽；外用治流行性腮腺炎、乳腺炎、痈疖肿毒、蛇咬伤、烧烫伤等。通常栽作围篱，浆果酸甜可食用。

[参考书目]《中国植物志》,《海南植物志》,*Flora of China*,《海南植物物种多样性编目》。

花序　　　　　　　　　　　　　　　果

植株

生境

◇**旋花科**

**135** **厚 藤** （别名：马鞍藤、沙灯心、马蹄草、鲎藤、海薯、走马风、马六藤、白花藤、沙藤）

*Ipomoea pes~caprae* (L.) R. Br.

**[分类]** 旋花科 Convolvulaceae
番薯属 *Ipomoea* L.

**[形态特征]** 多年生常绿匍匐草本植物。茎紫红色，基部木质化，节上生不定根；叶互生。叶片厚纸质，广椭圆形、近圆形或肾形，长3～7厘米，宽2～6厘米，顶端微凹或2裂，形如马鞍，裂片圆，基部宽楔形、截形至浅心形，侧脉8～10对；叶柄长2～10厘米。腋生多歧聚伞花序，具数朵花，有时仅一朵发育；总花梗粗壮，长3.5～8厘米；花梗长1.5～3厘米；花冠多为紫红色，漏斗状，长4.5～5厘米；雄蕊不等长，内藏；花柱内藏；子房四室。蒴果球形，直径1.5～2厘米，两室，四瓣裂，果皮革质。种子三棱状圆形，直径约7毫米，密被褐色茸毛。

**[分布及生境]** 海南岛滨海，主要分布在滨海高潮线附近的沙地，常独立成片生长成优势种群，有时与盐地鼠尾粟、孪花蟛蜞菊、滨刀豆、滨豇豆、鬣刺等植物混生。

**[价值]** 四季常绿，叶形奇特，生长势强，花果期较长，几乎全年有花，花多且色泽艳丽，蒴果球形，叶、花、果均具有较高的观赏价值；耐盐性强，植株根系极深，可作海滩固沙或覆盖植物；嫩茎叶可炒食，亦可作猪、羊饲料；味甘、微苦，性平，全草入药，具有祛风除湿、拔毒消肿、消痈散结的功效；用于治疗风寒感冒、风湿关节痛、风湿痹痛、腰肌劳损、荨麻疹、风火牙痛、流火、白带异常、湿疹背痈等；外用可治疮疖、痔疮、痈疽、肿毒、痔漏。

**[参考书目]** 《中国植物志》、《海南植物志》，*Flora of China*、《中华本草》、《海南植物物种多样性编目》。

种子

果

植株

生境

# 虎掌藤 (别名：虎脚牵牛、铜钱花草、生毛藤)

*Ipomoea pes-tigridis* L.

[分类] 旋花科 Convolvulaceae
  番薯属 *Ipomoea* L.

[形态特征] 一年生缠绕草本。茎具细棱，被开展
  的灰白色硬毛。叶片轮廓近圆形或横向椭圆
  形，长 2～10 厘米，宽 3～13 厘米，掌状 3～9
  深裂，裂片椭圆形或长椭圆形，顶端钝圆，锐
  尖至渐尖，有小短尖头，基部收缩，两面被疏
  长微硬毛；叶柄长 2～8 厘米，被开展的灰白
  色硬毛。聚伞花序有数朵花，密集成头状，腋
  生，花序梗长约 4～11 厘米，被开展的灰白色
  硬毛；具明显的总苞，外层苞片长圆形，长约
  2～2.5 厘米，内层苞片较小，卵状披针形，两
  面均被疏长硬毛；无花极梗近无；萼片披针
  形，外萼片长约 1～1.4 厘米，内萼片较短小，
  两面均被长硬毛，外面的更长；花冠白色，漏
  斗状，约长约 3～4 厘米，瓣中带散生毛；雄
  蕊花柱内藏，花丝无毛；子房无毛。蒴果卵球
  形。种子 4，椭圆形，表面被灰白色短绒毛。

[分布及生境] 海南岛三亚、儋州、临高等地滨海
  有少量分布，少见，生长于滨海灌木林缘、空
  旷草坡，与龙爪茅、香附子、马唐、糙叶丰花
  草、饭包草、黄花稔、猪屎豆、肠须草、牛筋
  草、铺地粟、白茅等混生。

[价值] 性寒，味苦，具有泻下通便功效，主治肠
  道积滞、大便秘结。

[参考书目] 《中国植物志》，《海南植物志》，*Flora of
  China*，《海南植物物种多样性编目》。

蒴果

花

植株

茎、叶

生境

# 137 // 假厚藤 （别名：白花马鞍藤、厚叶牵牛、海滩牵牛）

*Ipomoea imperati* (Vahl) Griseb.

[分类] 旋花科 Convolvulaceae
　　　番薯属 *Ipomoea* L.

[形态特征] 多年生蔓生草本，全株无毛。茎蔓生，茎浅绿色或黄绿色，节上生根。叶肉质，干后厚纸质，叶形多样，通常长圆形，也有线形、披针形、卵形，长 1.5～3 厘米，宽 0.8～2 厘米，顶端有时钝或通常微凹以至 2 裂，基部截形至浅心形，全缘或波状，中部常收缩，或 3～5 裂，具卵形至长圆形的大的中裂片和较小的侧裂片；侧脉 4～5 对，纤细，在两面均稍下陷，网脉不明显；叶柄长约 0.5～4.5 厘米。聚伞花序腋生，1 朵花或有时 2～3 朵花，花序梗长约 2 厘米，花梗长 0.7～1.5 厘米，粗壮；花冠白色，漏斗状，长 3.5～4 厘米，无毛；雄蕊和花柱内藏。蒴果近球形，高约 1 厘米，2 室，4 瓣裂。种子 4 或较少，长约 8 毫米，被短茸毛，棱上有长毛。

[分布及生境] 海南三亚、乐东、万宁滨海，少见；蔓生于滨海高潮线附近沙滩，有时与厚藤、海滨莎、鬣刺等混生。

[价值] 四季常绿，叶形优美、多样，生长势强，花色纯白，具有较高的观赏价值；耐盐，植株根系极深，生长力旺盛，可作海滩固沙或覆盖植物。

[参考书目]《中国植物志》，《海南植物志》，*Flora of China*，《海南植物物种多样性编目》。

花　　　　　　　　　　　蒴果

植株

生境

# 138 毛牵牛

（别名：心萼薯、满山香、黑面藤、亚灯堂、华陀花、箭番薯、老虎豆）

*Ipomoea biflora* (L.) Pers.

[分类] 旋花科 Convolvulaceae
番薯属 *Ipomoea* L.

[形态特征] 攀缘或缠绕草本。茎细长，1～2米，有细棱，被灰白色倒向硬毛。叶心形或心状三角形，长4～9.5厘米，宽3～7厘米，顶端渐尖，基部心形，全缘或很少为不明显的3裂，两面被长硬毛，侧脉6～7对，在两面稍突起，第三次脉近于平行，细弱；叶柄长1.5～8厘米，被毛。花序腋生，1～3朵，花序梗长3～15毫米，被毛；外面的3苞片小，线状披针形，被疏长硬毛；花梗纤细，被毛；萼片5，萼片果期稍微增大，外萼片三角状披针形，长8～10毫米，宽4～5毫米，基部耳形，外面被灰白色疏长硬毛，具缘毛，内面近于无毛，在内的2萼片线状披针形，与外萼片近等长或稍长；花冠白色，狭钟状，长1～2厘米，冠檐浅裂，裂片圆；瓣中带被短柔毛；雄蕊5，内藏，长3毫米，花丝向基部渐扩大，花药卵状三角形，基部箭形；子房圆锥状，无毛，花柱棒状，长3毫米，柱头头状，2浅裂。蒴果近球形，径约9毫米，果瓣内面光亮。种子4，卵状三棱形，被微毛或被短绒毛，沿两边有时被白色长绵毛。

[分布及生境] 海南岛滨海有零星分布，生长于滨海路边、草坡。有时单独成片匍匐生长于草地上，有时与一些低矮滨海植物如白茅、链荚豆、龙爪茅、糯米团、黄茅等混生，有时缠绕攀缘于含羞草、刺蒴麻等植物上。

[价值] 在广西民间用茎、叶治小儿疳积，种子洗跌打、蛇伤。

[参考书目] 《中国植物志》，*Flora of China*，《中国高等植物图鉴》。

花　　　　　　　　花　　　　　　　　果

植株

生境

# 139 // 蕹 菜 （别名：空心菜、通菜蓊、蓊菜、藤藤菜、通菜）

*Ipomoea aquatica* Forssk.

**[分类]** 旋花科 Convolvulaceae
　　　 番薯属 *Ipomoea* L.

**[形态特征]** 一年生草本，蔓生或漂浮于水面。茎圆柱形，有节，节间中空，节上生根，无毛。叶柄长约3～14厘米，无毛；叶片形状、大小多变，有卵形、长卵形、长卵状披针形或披针形，长约3.5～17厘米，宽约0.9～8.5厘米，顶端锐尖或渐尖，具小短尖头，基部心形、戟形或箭形，少有截形，全缘或波状，有时基部有少数粗齿，两面近无毛或偶有疏柔毛。聚伞花序腋生，花序梗长约1.5～9厘米，基部被柔毛，向上无毛，具1～5朵花；苞片小鳞片状，长约2毫米；花梗长约1.5～5厘米，无毛；萼片近于等长，卵形，长约7～8毫米，顶端钝，具小短尖头，外面无毛；花冠白色、淡红色或紫红色，漏斗状，长约3.5～5厘米；雄蕊不等长，花丝基部被毛；子房圆锥状，无毛。蒴果卵球形至球形，径约1厘米，无毛。种子密被短柔毛或有时无毛。

**[分布及生境]** 原产我国南方，目前已大量引种栽培，海南岛滨海有逸为野生，主要分布于滨海湿地、空旷湿润沙地、溪流边，有的与厚藤、假马齿苋、海雀稗、五爪金龙、铺地黍等混生，有的单独在水边成片生长，成为优势种群。

**[价值]** 全草入药，味甘、淡，性凉，具有清热解毒、利尿、止血的功效，用于解黄藤、钩吻、砒霜、野菇中毒，还可以用于小便不利、尿血、鼻衄、咳血；外敷治骨折、腹水及无名肿毒。该种是一种重要的蔬菜，可凉拌、炝炒、做汤，味美可口，营养丰富。亦是一种较好的饲料。

**[参考书目]** 《中国植物志》，《海南植物志》，*Flora of China*，《全国中草药汇编》，《中国高等植物图鉴》，《海南植物物种多样性编目》。

叶　　　　　　　　花

植株

生境

**140** 五爪金龙
*Ipomoea cairica* (L.) Sweet

（别名：上竹龙、牵牛藤、黑牵牛、假土瓜藤、槭叶牵牛、番仔藤、台湾牵牛花、掌叶牵牛、五爪龙）

[分类] 旋花科 Convolvulaceae
　　　番薯属 *Ipomoea* L.

[形态特征] 多年生缠绕草本，全体无毛。茎细长，有细棱，有时有小疣状突起。叶掌状 5 深裂或全裂，裂片卵状披针形、卵形或椭圆形，中裂片较大，长 4～5 厘米，宽 2～2.5 厘米，两侧裂片稍小，顶端渐尖或稍钝，具短小尖头，基部楔形渐狭，全缘或不规则微波状，基部 1 对裂片通常再 2 裂；叶柄长 2～8 厘米，基部具掌状 5 小裂的假托叶。聚伞花序腋生，花序梗长 2～8 厘米，具 1～3 朵花，稀有 3 朵以上；苞片及小苞片均小，鳞片状，早落；花梗长 0.5～2 厘米，有时具小疣状突起；萼片稍不等长，外方 2 片较短，卵形，外面有时有小疣状突起，内萼片稍宽，萼片边缘干膜质，顶端钝圆或具不明显的小短尖头；花冠紫红色、紫色或淡红色、稀有白色，漏斗状，长 5～7 厘米；雄蕊不等长，花丝基部稍扩大，下延并贴生于花冠管基部以上，被毛；子房无毛，花柱纤细，长于雄蕊，柱头 2 球形。蒴果近球形，2 室，4 瓣裂。种子黑色，边缘被褐色柔毛。

[分布及生境] 原产热带亚洲或非洲，在海南全岛滨海有分布，主要缠生于滨海村落、路旁的灌木林上，常与龙珠果、落葵等植物混生，缠绕于灌木丛或房屋篱栏网上。

[价值] 块根供药用，外敷热毒疮，有清热解毒之效；叶可治痈疮，果可治跌打（广西）；本种为夏、秋常见的蔓生花卉，是垂直绿化和小型花架的好材料，也可作篱边的爬藤材料。

[参考书目]《中国植物志》,《海南植物志》,《海南植物物种多样性编目》,*Flora of China*。

花 叶

生境

# 141 // 紫心牵牛 （别名：小红薯、小心叶薯）

*Ipomoea obscura* (L.) Ker Gawl.

[分类] 旋花科 Convolvulaceae
　　　番薯属 *Ipomoea* L.

[形态特征] 缠绕草本。茎纤细，有细棱，被柔毛或有时近无毛。叶心状圆形或心状卵形，有时肾形，长 2～8 厘米，宽 1.6～8 厘米，顶端骤尖或锐尖，具小尖头，基部心形，全缘或微波状，两面被短毛并具缘毛，有时两面近于无毛、仅有短缘毛，侧脉 3 对，基出掌状；叶柄细长，长 1.5～3.5 厘米，被开展的短柔毛。聚伞花序腋生，通常有 1～3 朵花，花序梗纤细，长 1.4～4 厘米，无毛或散生柔毛；苞片小，钻状；花梗长 0.8～2 厘米，近于无毛，结果时顶端膨大；萼片近等长，椭圆状卵形，顶端具小短尖头，无毛或外方 2 片外面被微柔毛，萼片果成熟时常反折；花冠漏斗状，白色或淡黄色，长约 2 厘米，具 5 条深色的瓣中带，花冠管基部深紫色；雄蕊及花柱内藏；花丝极不等长，基部被毛；子房无毛。蒴果圆锥状卵形或近于球形，顶端有锥尖状的花柱基，直径 6～8 毫米，4 瓣裂。种子 4，黑褐色，密被灰褐色短茸毛。

[分布及生境] 海南岛全岛滨海有零星分布，分布于滨海路边、房前屋后的灌木林缘或草坡，有时匍匐生长于草地上，与一些低矮滨海植物如白茅、链荚豆、龙爪茅、龙珠果、叶下珠、仙人掌、糯米团、铺地黍、红毛草等混生，有时缠绕攀缘于许树、刺果苏木、酸豆树、含羞草、刺蒴麻等植物上。

[价值] 目前未查阅到其应用方面的研究报道。全株有毒，但有毒成分不明。

[参考书目] 《中国植物志》，《海南植物志》，*Flora of China*，《海南植物物种多样性编目》。

花　　　　　　　　　　　　　　　　茎、叶

植株

生境

# 142 // 银丝草

（别名：毛辣花、白鸽草、白毛将、白头妹、过饥草、毛将军、银花草、暴臭蛇、烟油花）

*Evolvulus alsinoides* var. *decumbens* (R. Br.) V. Ooststr.

[分类] 旋花科 Convolvulaceae
土丁桂属 *Evolvulus* L.

[形态特征] 多年生草本植物。茎少数至多数，纤细，平卧或上升，被贴生柔毛，有时混生有开展毛。叶披针形至线形，长 5～13 毫米，宽 1.5～4 毫米，先端锐尖或渐尖，基部圆形，或渐狭，两面被贴生疏柔毛，基部的叶有时宽而钝头；中脉在下面明显，上面不显，侧脉两面均不显；叶柄短至近无柄。花两性，放射状相称，集散花序生于叶腋，1 朵或数朵花，总花梗丝状，较叶短或长得多，长约 2.5～3.5 厘米，被贴生毛；花柄与萼片等长或通常较萼片长；苞片线状钻形至线状披针形，长 1.5～4 毫米；萼片披针形，锐尖或渐尖，长 3～4 毫米，被长柔毛；花冠辐状，直径 7～10 毫米，蓝色或白色，花瓣 5；雄蕊 5，内藏，花丝丝状，长约 4 毫米，贴生于花冠管基部；花药长圆状卵形，先端渐尖，基部钝，长约 1.5 毫米；子房无毛；花柱 2，每 1 花柱 2 尖裂，柱头圆柱形，先端稍棒状。蒴果球形，无毛，直径 3.5～4 毫米，4 瓣裂。种子 4 或较少，黑色，平滑。

[分布及生境] 海南岛万宁东奥、东方田头、昌江棋子湾等地滨海有分布，分布于滨海空旷沙地、草坡上，有时滨海灌木林缘也有生长，常与低矮禾本科滨海植物如茅根属、马唐属等混生，常见。

[价值] 全草入药，有散瘀止痛、清湿热之功能，可治小儿结肠炎、消化不良、白带、支气管哮喘、咳嗽、跌打损伤、腰腿痛、痢疾、头晕目眩、泌尿系感染、血尿、蛇伤、眼膜炎等。该种抗逆性强，株型娇小玲珑，花色优美，可作为滨海绿化美化植物。

[参考书目]《中国植物志》,《海南植物志》, *Flora of China*,《海南植物物种多样性编目》。

茎、叶　　　　　　　花　　　　　果

植株

生境

# 143 金钟藤 （别名：多花山猪菜、假白薯）

*Merremia boisiana* (Gagnep.) v. Ooststr.

[分类] 旋花科 Convolvulaceae
鱼黄草属 *Merremia Dennst.* ex Endl.

[形态特征] 大型缠绕草本或亚灌木。茎圆柱形，无毛，具不明显的细棱，幼枝中空。叶片肥大，叶近于圆形，偶为卵形，长约 9.5～15.5 厘米，宽约 7～14 厘米，有的叶片最快处可达 27 厘米，顶端渐尖或骤尖，基部心形，全缘，两面近无毛或背面沿中脉及侧脉疏被微柔毛，侧脉 7～10 对，侧脉与中脉在叶面微凹，背面突起，第三次脉近于平行；叶柄长约 4.5～12 厘米，无毛或近上部被微柔毛。花序腋生，为多花的伞房状聚伞花序，有时为复伞房状聚伞花序，总花序梗长 5～24 厘米，有时可长达 35 厘米，稍粗壮，下部圆柱形，灰褐色，无毛，向上稍扁平，连同花序梗和花梗被锈黄色短柔毛；苞片小，狭三角形，外面密被锈黄色短柔毛，早落；花梗长约 1～2 厘米，结果时伸长增粗；外萼片宽卵形，外面被锈黄色短柔毛，内萼片近圆形，无毛，顶端钝；花冠黄色，宽漏斗状或钟状，长约 1.4～2 厘米，中部以上于瓣中带密被锈黄色绢毛，冠檐浅圆裂；雄蕊内藏，花药稍扭曲；子房圆锥状，无毛。蒴果圆锥状球形，长约 1～1.2 厘米，4 瓣裂，外面褐色，无毛，内面银白色。种子三棱状宽卵形，沿棱密被褐色糠秕状毛。

[分布及生境] 海南岛陵水滨海有大量分布，生长于潮湿的滨海砂石坡地，有的与厚藤、蟛蜞菊、野芭蕉及一些禾本科植物混生，有的缠绕于槟榔、椰子、榄仁树、草海桐上。

[价值] 叶片翠绿，生长茂盛，花色金黄，有很好的观赏性，适合公路、坡地做地被植物，也可用于立体绿化。

[参考书目]《中国植物志》,《海南植物志》,*Flora of China*,《海南植物物种多样性编目》。

叶

花序

植株

生境

# 144 // 猪 菜 藤 （别名：细样猪菜藤、野薯藤）

*Hewittia malabarica* (L.) Suresh

[分类] 旋花科 Convolvulaceae

猪菜藤属 *Hewittia* Wight et Arn

[形态特征] 缠绕或平卧藤本。茎细长，有细棱，被短柔毛，有时节上生根。叶柄长 1~6 厘米，密被短柔毛；叶片卵形、心形或戟形，长 3~10 厘米，宽 3~8 厘米，顶端短尖或锐尖，基部心形、戟形或近截形，全缘或 3 裂，两面被伏疏柔毛或叶面毛较少，有时两面有黄色小腺点，侧脉 5~7 对，背面突起，网脉在叶面不显，背面微细。花通常 1 朵花，腋生，花序梗长 1.5~10 厘米，密被短柔毛；苞片披针形，长 0.7~1.5 毫米，被短柔毛；花梗短，密被短柔毛；萼片 5，不等大，在外 3 片宽卵形，长 9~15 毫米，宽 6~9 毫米，顶端锐尖，两面被短柔毛，结果时增大，长可达 1.7 厘米，内萼 2 片较短小，长圆状披针形，被短柔毛，结果时长达 1.4 厘米；花冠淡黄色或白色，喉部以下带紫色，钟状，长 2~2.5 厘米，外面有 5 条密被长柔毛的瓣中带，冠檐裂片三角形；雄蕊 5，内藏，花丝基部稍扩大，具细锯齿状乳突，花药卵状三角形，基部箭形；子房被长柔毛，花柱丝状，柱头 2 裂。蒴果近球形，宿存萼片包被，具短尖，径约 8~10 毫米，被柔毛。种子卵圆状三棱形，暗黑，无毛。

[分布及生境] 海南岛滨海有分布，生长于滨海村旁、路边的空旷沙地或灌丛边，有的缠绕攀爬于滨海灌木丛如苦林盘、望江南、猪屎豆、赛葵等植物上，有的匍匐生长于滨海沙地、石堆，与厚藤、滨刀豆、大翼豆、土牛膝、刺苋、含羞草、瘤蕨等混生。

[价值] 目前未查阅到相关应用方面的研究报道。

[参考书目]《中国植物志》,《海南植物志》, *Flora of China*,《海南植物物种多样性编目》。

花 果

植株

生境

# ◇玄参科

## 145 // 野甘草
*Scoparia dulcis* L.

（别名：冰糖草、香仪、假甘草、土甘草、假枸杞、通花草）

[分类] 玄参科 Scrophulariaceae
　　　　野甘草属 *Scoparia* L.

[形态特征] 直立草本或为半灌木状，高可达 1 米。茎多分枝，枝有棱角及狭翅，无毛。叶对生或轮生，近无柄，菱状卵形至菱状披针形，长可达 3.5 厘米，宽可达 1.5 厘米；枝上部叶较小且多，顶端钝，基部长渐狭，全缘或前半部有齿，两面无毛。花单朵或成对生于叶腋，花梗细，长 5～10 毫米，无小苞片，萼分生，齿 4，卵状长圆形，长约 2 毫米，先端钝，具睫毛；花冠小，白色，喉部生有密毛，花瓣 4 瓣，上方 1 枚稍大，钝头，缘有细齿；雄蕊 4 枚，近等长，花药箭形；花柱挺直，柱头截形或凹入。蒴果卵圆形至球形，直径 2～3 毫米，室间室背均开裂，中轴胎座宿存。

[分布及生境] 原产美洲热带，在海南岛全岛滨海有分布，生长于滨海村旁、路边及草坡，常与牛筋草、香附子、铺地黍、银胶菊、小蓬草等混生。

[价值] 全草入药，味甘，性凉，具有清热解毒利尿消肿的功效，用于肺热咳嗽，暑热泄泻、脚气浮肿、小儿麻痹、湿疹、热痱、喉炎、丹毒、感冒发热、肠炎腹泻、小便不利；还可以用于解木薯中毒。

[参考书目]《中国植物志》,《广西中药志》,《海南植物志》,《海南植物物种多样性编目》, *Flora of China*。

植株

生境

# ◇鸭跖草科

**146** // 饭包草 （别名：火柴头、卵叶鸭跖草、竹叶菜、圆叶鸭跖草、大号日头舅）

*Commelina benghalensis* L.

[分类] 鸭跖草科 Commelinaceae

鸭跖草属 *Commelina* L.

[形态特征] 多年生匍匐草本。茎上部直立，长可达70厘米，基部匍匐，被疏柔毛，匍匐茎的节上生根。叶具明显叶柄；叶片椭圆状卵形或卵形，长3～7厘米，宽1.5～3.5厘米，顶端钝或急尖，基部圆形或渐狭而成阔柄状，全缘，边缘具毛，两面被短柔毛或疏长毛或近无毛；叶鞘和叶柄被短柔毛或疏长毛；佛焰苞片漏斗状而压扁，下部边缘合生，被疏毛，长0.8～1.2厘米，与上部叶对生或1～3个聚生，无柄或柄极短。花序下面一枝具细长梗，具1～3朵不孕的花，伸出佛焰苞，上面一枝有花数朵，结实，不伸出佛焰苞；萼片膜质，披针形，长约2毫米，无毛；花瓣蓝色，圆形；雄蕊6枚，能育3枚，花丝丝状，常为蓝色；子房长圆形，具棱，无毛。蒴果椭圆形，膜质，长4～5毫米，具5颗种子。种子长近2毫米，有窝孔及皱纹，黑色。

[分布及生境] 海南滨海，较常见，分布于滨海村旁、路边、草坡、水沟边、椰树林下的潮湿沙地上。在潮湿滨海沙地、水沟边生长茂盛常独立成优势种群；在湿润草坡与丰花草、鬼针草、龙珠果、铺地黍、马缨丹、假马鞭、飞机草等混生。

[价值] 味苦，性寒，无毒，具有清热解毒、利水消肿功效，用于水肿、肾炎、小便短赤涩痛、赤痢、小儿肺炎、疗疮肿毒；该种适应性强，不定根抓泥力强，可作为水池护坡或水质过滤植物。

[参考书目]《中国植物志》《中国高等植物图鉴》《全国中草药汇编》*Flora of China*。

花

植株

生境

# 147 // 大苞水竹叶 （别名：青鸭跖草、痰火草、围夹草、癌草）

*Murdannia bracteata* (C. B. Clarke) Kuntze ex J. K. Morton

[分类] 鸭跖草科 Commelinaceae
　　　水竹叶属 *Murdannia* Royle

[形态特征] 多年生匍匐草本。须根多而细。主茎
　　不育，极短，可育茎通常 2 支，由主茎下部叶
　　丛中发出，长且匍匐，顶端上升，节上生根，
　　长 20～60 厘米，全面被细柔毛或仅一侧被毛。
　　叶在主茎上的密集成莲座状，剑形，长 20～30
　　厘米，宽 1.2～1.8 厘米，下部边缘有细长睫
　　毛，上面无毛，下面有短毛或无毛；可育茎上
　　的叶卵状披针形至披针形，长 3～12 厘米，宽
　　1～1.5 厘米，两面无毛或背面有糙毛，叶鞘～
　　被细长柔毛或仅沿口部一侧有刚毛。蝎尾状聚
　　伞花序通常 2～3 个，少单个；总苞片叶状，
　　但较小；聚伞花序因花极为密集而呈头状，具
　　2～3 厘米长的总梗；苞片圆形，早落；花梗极
　　短，果期伸长，强烈弯曲；萼片草质，卵状椭
　　圆形，浅舟状；花瓣 3 枚，蓝色或紫色；发育
　　雄蕊 3 枚，退化雄蕊 3 枚，子房椭圆形。蒴果
　　宽椭圆形，具三棱。种子黄棕色，具皱纹。

[分布及生境] 海南岛滨海，万宁滨海分布较集中，
　　生长于椰树树林下空旷沙地、木麻黄林下，常
　　独立小片生长，偶见与蔓荆、地杨桃、羽芒
　　菊、美冠兰等混生；在空旷椰树林下有时与滨
　　豇豆、一点红、天门冬、蒭雷草等混生。

[价值] 大苞水竹叶全草入药，味甘、淡，性凉，
　　具有化痰散结、清热通淋的功效，用于肺痨咳
　　嗽、痔疮、瘰疬、痈肿等症。

[参考书目]《中国植物志》,《海南植物志》,《新华本
　　草纲要》,*Flora of China*,《海南植物物种多样性
　　编目》。

花序

植株                                                茎

生境

# ◇罂粟科

**148** **蓟罂粟**
*Argemone mexicana* L.

（别名：罂粟、老鼠蓟、罂子粟、阿芙蓉、御米、象谷、米囊、囊子、莺粟）

[分类] 罂粟科 Papaveraceae
　　　蓟罂粟属 *Argemone* L.

[形态特征] 一年生草本，高可达 1 米。茎具分枝和多短枝，疏被黄褐色平展的刺。基生叶密聚，叶片宽，倒披针形、倒卵形或椭圆形，长 5～20 厘米，宽 2.5～7.5 厘米，先端急尖，基部楔形，边缘羽状深裂，裂片具波状齿，齿端具尖刺，两面无毛，沿脉散生尖刺，表面绿色，沿脉两侧灰白色，背面灰绿色；叶柄长约 1 厘米；茎生叶互生，与基生叶同形，但上部叶较小，无柄，常半抱茎。花单生于短枝顶，有时为少花的聚伞花序；花梗极短；每花具 2～3 枚叶状苞片；萼片 2 枚，舟状，先端具距，距尖成刺，外面散生少数刺，花开时即脱落；花瓣 6 枚，宽倒卵形，长 1.7～3 厘米，先端圆，基部宽楔形，黄色或橙黄色；花丝长约 7 毫米，花药狭长圆形，长 1.5～2 毫米，开裂后弯成半圆形至圆形；子房椭圆形或长圆形，被黄褐色伸展的刺，花柱极短，柱头 3～6 裂，深红色。蒴果长圆形或宽椭圆形，长 2.5～5 厘米，宽 1.5～3 厘米，疏被黄褐色的刺，4～6 瓣自顶端开裂至全长的 1/4～1/3，内藏种子多数。种子球形，具明显的网纹。

[分布及生境] 原产中美洲和热带美洲，我国有庭园栽培，已归化。目前在海南岛琼海滨海有少量逸为野生。蓟罂粟在琼海滨海生长于高潮线附近的空旷沙地、路边，常独立小片生长，有时与蟛蜞菊、马齿苋、鬼针草、孪花蟛蜞菊、厚藤、过江藤、蓖麻、洋金花等混生。

[价值] 味辛、苦，性凉，具有发汗利水、清热解毒、止痛止痒的功效，用于感冒无汗、黄疸、淋病、水肿、眼睑裂伤、疝痛、疥癣、梅毒等；可庭植或盆栽用于观赏。

[参考书目] 《中国植物志》，《海南植物志》，《中国高等植物图鉴》，《中华本草》，*Flora of China*，《海南植物物种多样性编目》。

花

种子

蒴果

茎

植株

叶

生境

◇樟　科

# 149 // 无根藤

（别名：无头藤、无根草、无娘藤、罗网藤、金丝藤、无爷藤）

*Cassytha filiformis* L.

[分类] 樟科 Lauraceae

　　　无根藤属 *Cassytha* L.

[形态特征] 寄生缠绕草本，借盘状吸根攀附于寄主植物上。茎线形，绿色或绿褐色，稍木质，幼嫩部分被锈色短柔毛，老时毛被稀疏或变无毛。叶退化为微小的鳞片。穗状花序长 2～5 厘米，密被锈色短柔毛；苞片和小苞片微小，宽卵圆形，长约 1 毫米，褐色，被缘毛；花小，白色，长不及 2 毫米，无梗；花被裂片 6，排成二轮，外轮 3 枚小，圆形，有缘毛，内轮 3 枚较大，卵形，外面有短柔毛，内面几无毛；能育雄蕊 9，第一轮雄蕊花丝近花瓣状，其余的为线状，第一、二轮雄蕊花丝无腺体，花药 2 室，室内向，第三轮雄蕊花丝基部有一对无柄腺体，花药 2 室，室外向；退化雄蕊 3，位于最内轮，三角形，具柄；子房卵珠形，几无毛，花柱短，略具棱，柱头小，头状。果小，卵球形，包藏于花后增大的肉质果托内，但彼此分离，顶端有宿存的花被片。

[分布及生境] 海南岛滨海有分布，主要分布于琼海、东方滨海，有的寄生于滨海灌木林，也有寄生于厚藤、滨豇豆等草本植物上。

[价值] 味甘、微苦，性凉，有小毒，全草入药，具有化湿消肿、通淋利尿、凉血止血的功效，用于感冒发热、疟疾、急性黄疸型肝炎、咯血、衄血、尿血、泌尿系结石、尿路感染、肾炎水肿；外用治皮肤湿疹、多发性疖肿，但禁采寄生于马桑、大茶药、鱼藤、羊角拗、夹竹桃等有毒植物上的无根藤，以防中毒。另外无根藤还可作造纸用的糊料。

[参考书目]《中国植物志》,《海南植物志》, *Flora of China*,《全国中草药汇编，海南植物物种多样性编目》。

花序 果

植株

生境

◇紫茉莉科

**150** // **黄细心** （别名：老来青、黄寿丹、还少丹、披散黄细心、沙参）

*Boerhavia diffusa* L.

[分类] 紫茉莉科 Nyctaginaceae
黄细心属 *Boerhavia* L.

[形态特征] 多年生蔓性草本植物。茎长可达2米；茎披散，具疏散分枝，无毛或被疏柔毛。叶对生，纸质，卵形，长1～5厘米，宽1～4厘米，先端钝或急尖，基楔形、圆形或微心形，边缘微波状，叶面绿色，背面灰黄绿色，两面被疏柔毛，干时有皱纹；叶柄长4～20毫米。头状聚伞圆锥花序，顶生，花序梗纤细，被疏柔毛，花梗短或近无梗；苞片小，披针形，被柔毛；花被筒中部以下收缩，上部钟状，被疏柔毛，具5肋，顶端皱褶，浅5裂，下部倒卵形，具5肋，被疏柔毛及粘腺；雄蕊1～3，少有多余3枚，不外露或微外露，花丝细长；子房倒卵形或倒卵状长圆形。果实棍棒状，长3～3.5毫米，具5棱，有黏腺和疏柔毛。

[分布及生境] 海南岛三亚、乐东、昌江、万宁、临高、琼海、文昌、海口滨海，常见，生长于滨海空旷沙地上，有时与老鼠芳、厚藤、香附子、土牛膝、滨豇豆、匍枝栓果菊、铺地黍、大花蒺藜等混生。

[价值] 根味苦、辛，性温，具有活血散瘀、调经止带、健脾消疳的功效，用于筋骨疼痛、月经不调、白带、胃纳不佳、脾肾虚、水肿、小儿疳积；根烤熟可食，有甜味，甚滋补；黄细心叶有利尿、催吐、祛痰的功效，用于气喘、黄疸病。

[参考书目] 《海南植物志》、《中国植物志》、*Flora of China*、《海南植物物种多样性编目》。

花序　　　　　　　　　　　　果

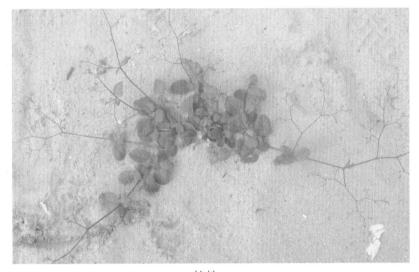

植株

生境